配电自动化系统运行维护
架空线路

国网福建省电力有限公司　组编
王永明　主编

中国电力出版社
CHINA ELECTRIC POWER PRESS

内 容 提 要

《配电自动化系统运行维护　架空线路》以培养职业技能为出发点，面向一线配电自动化运维技术员，以现场运维为核心，结合案例分析，编写而成。

本书分为6章，分别为概述、调试验收、运行管理、缺陷分类及消缺要求、成套设备典型缺陷及消缺方法、故障指示器典型缺陷及消缺方法。并附有常用仪器仪表操作方法、配电自动化工作报表、缺陷速查表三个附录，方便读者使用。

本书可供从事配电自动化一线运维技术人员和管理人员使用。

图书在版编目（CIP）数据

配电自动化系统运行维护架空线路/王永明主编；国网福建省电力有限公司组编. 一北京：中国电力出版社，2018.9（2020.11 重印）
ISBN 978-7-5198-2363-4

Ⅰ. ①配…　Ⅱ. ①王…　②国…　Ⅲ. ①架空线路–配电自动化–电力系统运行②架空线路–配电自动化–检修　Ⅳ. ①TM726.3

中国版本图书馆 CIP 数据核字（2018）第 203754 号

出版发行：中国电力出版社
地　　址：北京市东城区北京站西街 19 号（邮政编码 100005）
网　　址：http://www.cepp.sgcc.com.cn
责任编辑：罗　艳（yan-luo@sgcc.com.cn，010-63412315）
责任校对：黄　蓓　郝军燕
装帧设计：张俊霞
责任印制：石　雷

印　　刷：三河市万龙印装有限公司
版　　次：2018 年 9 月第一版
印　　次：2020 年 11 月北京第二次印刷
开　　本：710 毫米×1000 毫米　16 开本
印　　张：11.5
字　　数：208 千字
定　　价：45.00 元

编写委员会名单

编写单位

国网福建省电力有限公司
国网福建省电力有限公司电力科学研究院
国网福建省电力有限公司福州供电公司
福建省电力有限公司泉州电力技能研究院
国网陕西电力科学研究院
南方电网广州供电局有限公司
国网浙江省电力有限公司宁波供电公司
国网河北省电力有限公司石家庄供电公司
国网北京市电力公司电力科学研究院
国网河北省电力有限公司
国网山东省电力公司
许继集团有限公司

主　　编　王永明
副 主 编　李怡然
编写人员（按贡献大小排序）

高　源　姚　亮　黄毅标　李敏昱
赵　奕　徐应飞　徐重酉　王代远
张艳妍　张智远　郑　欣　张宏伟
许　明　卢章建　梁宏池　贺健伟
迟忠君

前 言

为积极服务智能电网对人才的需求，提升配电自动化队伍的运维水平，打造一批高技术配电自动化人才，全国输配电技术协作网组织中国电力科学研究院、各省电力公司、高校、设备制造企业等数十位生产运维专家，结合现场实际，坚持面向设备、面向现场，完成《配电自动化系统运行维护　架空线路》的编写。

《配电自动化系统运行维护　架空线路》以培养职业技能为出发点，面向一线配电自动化运维技术员，以现场运维为核心，结合案例分析，编制成手册化、工具书化教材。

《配电自动化系统运行维护　架空线路》开发坚持系统、精练、实用的原则，整体规划及教材编写针对岗位特点，描述配电自动化设备的故障特征，按设备、故障类型进行分类。本书从配电自动化基础知识入手，着重介绍一、二次成套设备，以及配电线路故障指示器两类常用设备，按照设备全寿命运行流程，分别从调试验收、运行管理、缺陷处理三个阶段详细介绍设备运维措施。编写过程中，广泛征求国家电网公司和南方电网公司技术专家的实用化建议，充分吸取设备厂商和高校在设备生产和运行研究方面的先进经验，共同完成编制。

本书分 6 章，第 1 章为概述，由国网福建省电力有限公司电力科学研究院编写；第 2 章为调试验收，由南方电网广州供电局有限公司和国网福建省电力有限公司福州供电公司编写；第 3 章为运行管理，由国网河北省电力有限公司石家庄供电公司编写；第 4 章为缺陷分类及消缺要求，由国网浙江省电力有限公司宁波供电公司编写；第 5 章为成套设备典型缺陷及消缺方法，由国网北京电力公司电力科学研究院、国网山东电力公司青岛供电公司编写；第 6 章为故障指示器典型缺陷及消缺方法，由国网浙江省电力有限公司宁波供电公司编写。其中，国网福建省电力有限公司、国网北京供电公司、国网山东省电力公司、国网河北电力有限公司、南方电网广州供电局有限公司、许继集团有限公司负责收集案例，由国网福建省电力有限公司汇总，国网福建省电力有限公司、国网陕西电力科学研究院校核。

由于编者自身的认识水平及编写时间的局限性，本书难免有遗漏之处，恳请各位读者赐教，帮助我们不断提高培训水平。

编 者

2018 年 5 月

目　录

概　述

配电自动化系统是一项综合计算机技术、现代通信技术、电力系统理论和自动控制技术的综合系统，实施配电自动化是为了提高供电企业对配网的调度、运行和生产的管理水平。利用自动化终端或自动控制系统，管理运行人员可利用有效的工具采取科学的手段来监控配电线路的运行状况，及时发现线路故障，迅速诊断并隔离故障区间，快速恢复对非故障区间的供电，而且在加强安全防护、减轻劳动强度、优化工作流程、数据分析应用等方面发挥积极的作用，有利于提高供电可靠性，提高供电质量，提高服务水平，提高企业的经济效益。

1.1　配电自动化系统构成及功能

1.1.1　配电自动化系统构成

配电自动化系统由配电自动化系统主站、配电自动化系统子站（可选）、配电自动化终端、安全防护设备等部分组成，如图 1－1 所示。

配电主站的应用包括配电主站生产控制大区、管理信息大区，二者通过横向安装防护设备即正反向隔离装置交互信息。配电主站通过安全接入区及纵向加密装置与配电自动化终端通信。

生产控制大区主要设备包括前置服务器、数据库服务器、SCADA/应用服务器、图模调试服务器、信息交换总线服务器、调度及维护工作站等。

管理信息大区主要设备包括前置服务器、SCADA/应用服务器、信息交换总线服务器、数据库服务器、应用服务器、运检及报表工作站等；未来配网地县一体化建设过程中，地县配电自动化终端将采用集中采集或分布式采集方式，并在县公司部署远程应用工作站。

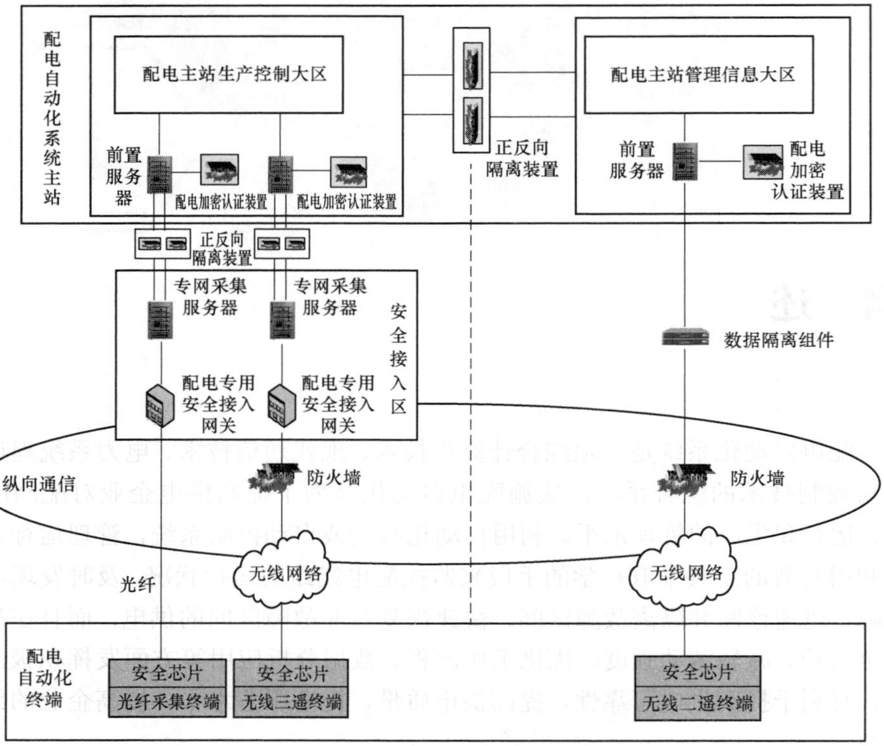

图 1－1　配电自动化系统构成图

安全防护设备包括纵向加密装置、正反向隔离装置、防火墙、数据隔离组件、安全接入网关等。

配电自动化终端包括配电线路故障指示器（以下简称故障指示器），与一、二次成套开关设备（以下简称成套设备）配套的终端设备等。

1.1.2　配电自动化的基本概念

配电自动化涉及一系列的专业术语，如下。

1）配电自动化（distribution automation）。配电自动化以一次网架和设备为基础，综合利用计算机、信息及通信等技术，并通过与相关应用系统的信息集成，实现对配电网的监测、控制和快速故障隔离。

2）配电自动化系统（distribution automation system）。实现配电网运行监视和控制的自动化系统，具备配电 SCADA（supervisory control and data acquisition）、故障处理、分析应用及与相关应用系统互连等功能，主要由配电自动化系统主站、配电自动化系统子站（可选）、配电自动化终端和通信网络等部分组成，如图 1－1 所示。

3）配电自动化系统主站（master station of distribution automation system，简称配电主站）。配电自动化系统主站，主要实现配电网数据采集与监控等基本功能和分析应用等扩展功能，为调度运行、生产运维及故障抢修指挥服务。

4）配电自动化终端（remote terminal unit of distribution automation）。配电自动化终端是安装在配电网的各类远方监测、控制单元的总称，完成数据采集、控制、通信等功能。

5）配电自动化系统子站（slave station of distribution automation system，简称配电子站）。配电自动化系统子站是配电主站与配电自动化终端之间的中间层，实现所辖范围内的信息汇集、处理、通信监视等功能。

6）馈线自动化（feeder automation）。利用自动化装置或系统，监视配电网的运行状况，及时发现配电网故障，进行故障定位、隔离和恢复对非故障区域的供电。

7）信息交互（information interactive）。系统间的信息交换与服务共享。

8）信息交换总线（information exchange bus）。遵循 IEC 61968 标准、基于消息机制的中间件平台，支持安全跨区信息传输和服务。

9）多态模型（multi－context model）。针对配电网在不同应用阶段和应用状态下的操作控制需要，建立的多场景配电网模型，一般可以分为实时态、研究态、未来态等。

10）通信网络（communication network）。通信网络指终端与终端/主站/子站间的电子通信通道。配网通信方式包括光纤、载波、无线公网、无线专网等。

1.1.3 配电自动化主站系统功能

传统的配电自动化主站应用主体局限于调控专业，仅起到“报警机”和“遥控器”的作用，所采集的配电网海量运行数据未能全面支撑低（过）电压、线损、设备状态、配电网规划等专业管理。新一代配电自动化主站立足于“做精Ⅰ区”，满足配电网调度控制的需求，“做强Ⅲ区”，全面支撑配网设备状态监测，主站系统从传统为调度服务提升至为整个配电专业服务，应用目标由实现配电网调度监控向配电网精益管理转变。

配电自动化主站系统功能由“两大应用”构成，两大应用为Ⅰ区配电网运行监控应用和Ⅲ区配电网运行状态管控应用，如图 1－2 所示。应用主体为大运行与大检修，信息交换总线贯通生产控制大区与信息管理大区，与各业务系统交互所需数据，为“两个应用”提供数据与业务流程技术支撑，“两个应用”分别服务于调度与运检。

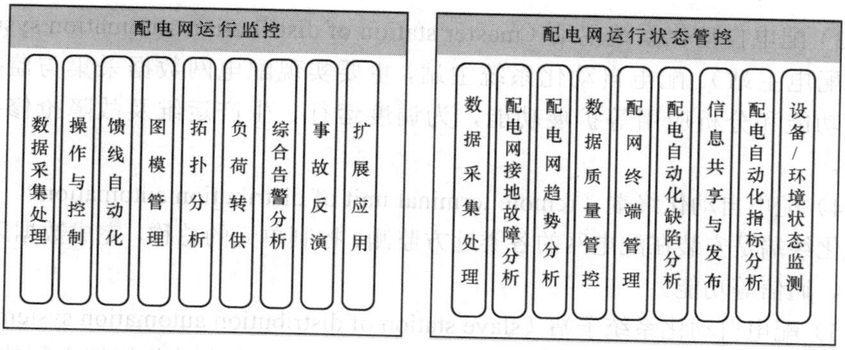

图 1-2　配电自动化主站功能

1.1.4　配电自动化终端

配电自动化终端是安装在中压配电网现场的各种远方监测、控制单元的总称，主要包括配电开关监控终端、配电变压器监测终端、开关站和公用及用户配电所的监控终端等。随着配电自动化技术的发展，新型配电自动化终端还包括成套开关、故障指示器等。

馈线终端是安装在配电网馈线回路的柱上等处并具有遥信、遥测、遥控等功能的配电自动化终端；站所终端是安装在配电网馈线回路的开关站、配电室、环网柜、箱式变电站等处，具有遥信、遥测、遥控等功能的配电自动化终端；配变终端是用于配电变压器的各种运行参数的监视、测量的配电自动化终端。

成套开关由开关本体、馈线终端、电源互感器、航空连接电缆等构成，按应用功能可分为分段负荷开关成套、分段断路器成套、分界负荷开关成套及分界断路器成套四种。负荷开关成套设备由负荷开关和配电自动化终端构成，断路器成套设备由断路器和配电自动化终端构成。分段负荷开关成套主要用于主干线分段/联络位置，实现主干线故障就地自动隔离功能，支持电压时间型逻辑。分段断路器成套主要用于满足级差要求，可直接切除故障的主干线、大分支环节，具备重合闸功能。分界负荷开关及分界断路器主要实现用户末端支线故障就地隔离或切除功能。

故障指示器是安装在配电线路上，用于检测线路短路故障和单相接地故障、并发出报警信息的装置。一般由采集单元和汇集单元两部分组成。带通信功能的故障指示器根据使用场合分为架空线型故障指示器和电缆型故障指示器。采集单元检测短路故障或接地故障，发出故障指示信号，通过短无线上传至汇集单元；汇集单元接收采集单元的数据信息，进行分析、编译，并向主站系统转发。

1.2 架空馈线自动化

1.2.1 架空线路网架结构

架空线路网架是架空馈线自动化的骨架，合理的网架结构可提高馈线自动化的可靠性。沿空中走廊架设，需要杆塔支持的电力网络称为架空配电网架。按照线路结构的不同，架空线路网架结构可以归纳为单电源放射式接线、手拉手环网接线、多分段多联络接线三种模式。详细描述见表 1－1。

表 1－1　　　　架空线路网架结构

网架结构	拓扑图	优缺点
单电源放射式	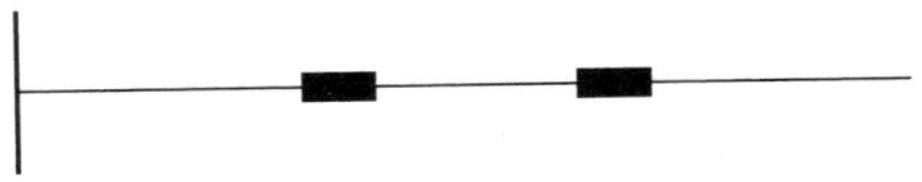	优点：结构简单，经济性较好，线路所需的开关较少，投资成本少。 缺点：可靠性较差，故障时可能出现全线停电，扩大故障范围
手拉手环网式	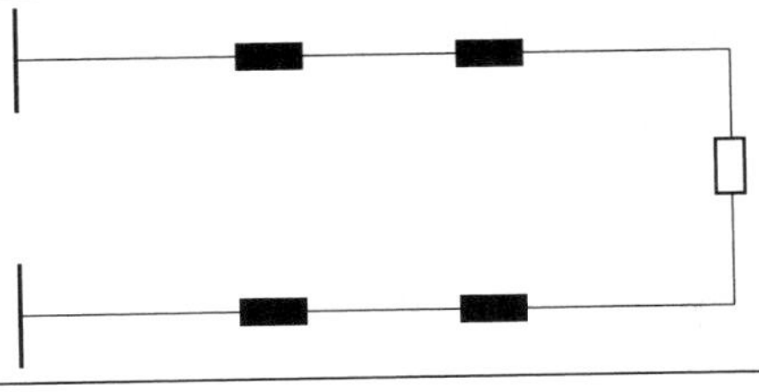	优点：结构清晰，运行方式灵活，可灵活分段，供电可靠性较高。 缺点：投资成本高
多分段多联络式	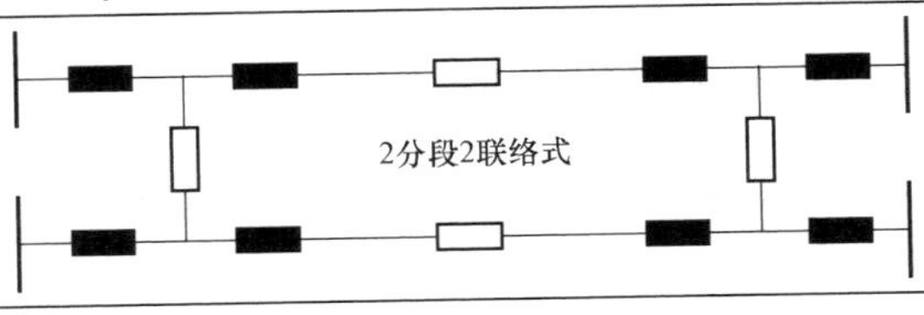 ……	优点：可较大提高线路可靠性，提高了线路负载率，提升了设备利用率。 缺点：对电源点要求较高，投资成本更高，网络复杂，运行技术要求高
备注	■ 动断开关 □ 联络开关	

馈线自动化系统的网架结构越简单，自动化隔离转供的可靠性越高，一般分段数为 3 段，有效联络数不超过 2 个。

1.2.2 馈线自动化实现方式

按照故障处理方式的不同，自动化实现方式包括就地型馈线自动化、分布式馈线自动化和集中型馈线自动化三大类。其中，馈线自动化可以分为就地型馈线自动化、集中型馈线自动化两大类。

（1）就地型馈线自动化。就地型馈线自动化主要包括重合器式和智能分布式两类。重合器式又分为电压时间型、电压电流时间型、电流型和自适应综合型等。重合器式采用二遥动作型终端及自动化开关，与变电站出线断路器或线路首端重合器相配合，在第一次重合时实现故障定位与隔离，第二次重合实现非故障区域供电恢复。智能分布式采用二遥动作型终端，配套断路器或负荷开关，通过终端间对等通信交互故障信息，由终端就地判别出故障区段，实现故障区段隔离和非故障区段供电恢复。

1）重合器方式。不依赖通信，通过重合器、分段器的顺序动作隔离故障。其工作原理是：故障时，通过检测到的电压，以电压保护加时限，利用上一级线路重合器的多次重合，实现故障点隔离，然后按整定的时限顺序自动恢复送电。

以重合器与电压—时间型分段器配合方式为例，如图 1－3 所示。其中 A 为重合器，整定为一慢二快，即第一次重合闸时间为 15s，第二次重合闸时间为 5s；B 和 D 采用电压—时间型分段器，X 时限（指从分段器电源侧加压至该分段器合闸的时延）均整定为 7s；C 和 E 采用电压—时间型分段器，X 时限均整定为 14s；所有分段器的 Y 时限（指故障检测时间，若分段器合闸后在未超过该时限的时间内又失压，则分段器分闸并闭锁在分闸状态）均整定为 5s。

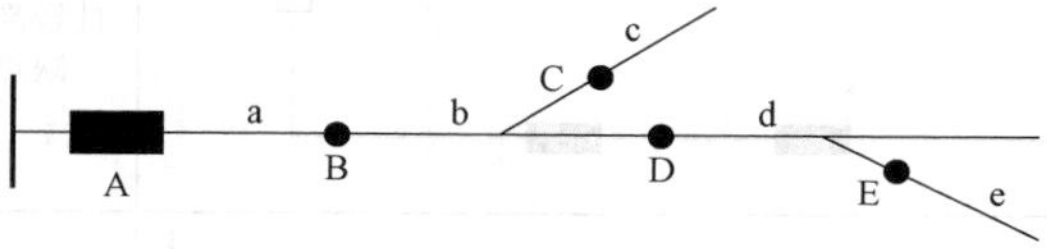

图 1－3　辐射状网络采用重合器方式

如图 1－4 所示，假设 c 区段发生故障，重合器与各电压—时间型分段器配合隔离故障的过程如下。

第一步：c 区段发生永久性故障后，重合器 A 跳闸，线路失电压，分段器 B、C、D 和 E 分闸。

第二步：15s 后，重合器 A 第一次重合。

第三步：经过 7s 的 X 时限后，分段器 B 合闸，b 区段恢复供电。

第四步：再经过 7s 的 X 时限后，分段器 D 合闸，d 区段恢复供电。

第五步：分段器 B 合闸后，经过 14s 的 X 时限后，分段器 C 合闸，重合闸到故障区段，重合闸 A 再次跳闸，线路失压，分段器 B、C、D 和 E 分闸。由于 C 合闸后未达到 5s 的 Y 时限又失压，C 闭锁在分闸状态。

第六步：重合器 A 经过 5s 后第二次重合，分段器 B、D、E 依次自动合闸，从而实现故障区段隔离，恢复健全区段供电。

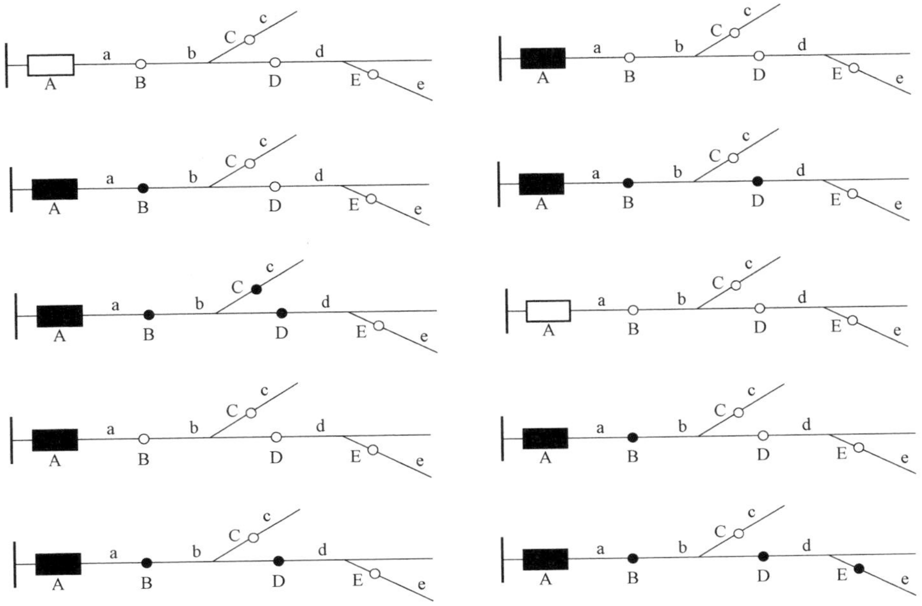

图 1-4　故障后重合器方式隔离故障区域动作示意图

因此，c 区段发生永久性故障后，从故障查找、隔离到完成非故障区域（d、e 区段）转供电共耗时 79s。此时间为理论上的时延时间，未考虑重合器及分段器的动作特性。

该自动化模式具有如下缺点。

多次重合到永久性故障，对系统多次冲击，造成电压骤降。只能在故障时发挥作用，而在正常运行情况下，操作员对于配电网的运行状况既不能测也不能控。对于具有多个供电途径的配电网络，虽然可以达到隔离故障区段的目的，但在恢复健全区域供电时，无法择优选择从哪一条备用电源供电。

2）智能分布式。无论是集中智能型馈线自动化还是重合器方式馈线自动化系统，在馈线发生故障时，都不能避免发生越级跳闸或多级跳闸，从而使故障区段上游健全区域遭受短时停电。分布智能方式馈线自动化（以下简称智能分布式 FA）可在保护动作之前隔离故障，保证非故障区域不停电，大大提高供电可靠性。但要求配电自动化终端具备现有普通配电自动化终端不具备的智能性，同时要求全线装设断路器，投资成本较高，最高可达集中智能型馈线自动化投资的 3～5 倍。因此，一般用在适用于接有重要敏感负荷的馈线。

智能分布式 FA 由配电自动化终端通过相互通信自动实现馈线的故障定位、隔离和非故障区域恢复供电的功能，可将处理过程及结果上报配电自动化主站。智能分布式馈线自动化主要分为两种实现模式，速动型分布式馈线自动化和缓动型分布式馈线自动化。

速动型分布式馈线自动化。应用于配电线路分段开关、联络开关为断路器的线路上，配电自动化终端通过高速通信网络，与同一供电环路内相邻配电自动化终端实现信息交互，当配电线路上发生故障，在变电站/开关站出口断路器保护动作前实现快速故障定位、隔离，并实现非故障区域的恢复供电。

缓动型分布式馈线自动化。应用于配电线路分段开关、联络开关为负荷开关的线路上。配电自动化终端与同一供电环路内相邻配电自动化终端实现信息交互，当配电线路上发生故障，在变电站/开关站出口断路器保护动作切除故障后，实现故障定位、隔离和非故障区域的恢复供电。下面分别以一个典型开环配电网络为例来说明分布智能型馈线自动化的工作原理。

如图 1－5 所示为一个典型的开环配电网，变电站出线开关、馈线分段开关和联络开关均为断路器。定义配电区域为一组相邻开关围成的馈线段的集合。

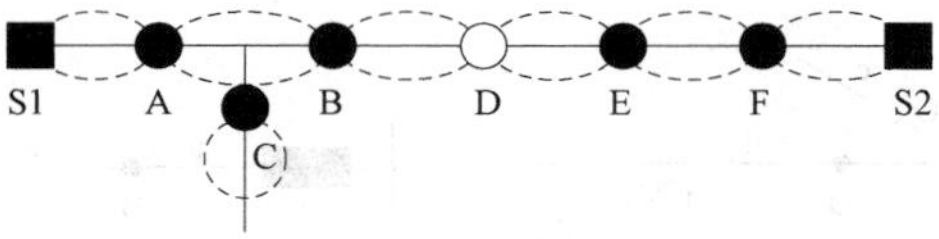

图 1－5　一个典型的开环配电网

■—变电站出线开关；●—馈线分段开关、联络开关（空心表示分状态）

假设故障发生在配电区域 A—B—C 中，则开关 S1 和开关 A 均流过了故障电流，而其余开关均未流过故障电流。

开关 S1 的配电自动化终端采集到开关 S1 和开关 A 都流过了故障电流，则判断出故障不在其关联区域 S1—A。因此，开关 S1 不跳闸。

开关 A 的智能电子设备采集到开关 S1 和开关 A 都流过了故障电流，则判断出故障不在其关联区域 S1—A。采集到开关 A 流过了故障电流而开关 B 和开关 C 都没有，则判断出故障发生在其关联区域 A—B—C。因此，该处配电自动化终端控制开关 A 跳闸来隔离故障区域。

开关 B 的智能电子设备采集到开关 A 流过了故障电流而开关 B 和开关 C 都没有流过故障电流的信息，则判断出故障发生在其关联区域 A—B—C。因此，该处配电自动化终端控制开关 B 跳闸来隔离故障区域。同理，开关 C 跳闸隔离故障区域。

开关 E、开关 F、开关 S2 的配电自动化终端均未采集到故障信息，则判断它们的关联区域都没有发生故障。因此，它们分别保持原来的合闸状态不变。

故障区域 A—B—C 被隔离后，联络开关 D 的配电自动化终端检测到其 S1 侧失压，且未采集到开关 B 流过故障电流的信息，则判断故障不在其关联区域 B—D，经过一定时延后，联络开关 D 自动合闸，恢复了健全区域 B—D 的供电。

（2）集中型馈线自动化。集中型馈线自动化通过配电自动化终端、通信网络和主站系统实现，馈线发生故障后，由配电自动化终端检测电流以判别故障，通过通信网络将故障信息传送到主站，结合配电网的实时拓扑结构，按照计算方法进行故障的定位，再下达命令给相关的馈线自动化终端、断路器等跳闸隔离故障。此后，主站通过计算，考虑网损、过负荷等情况后确定出最优的恢复方案，命令相关配电自动化终端、断路器来完成负荷的转供。

集中型馈线自动化根据其运维方式又可分为全自动方式和半自动方式，全自动方式是指线路故障时，主站系统推出故障隔离和转供电策略后，自动根据DA 策略下发遥控命令，完成故障区段隔离以及非故障停电区域的转供电；半自动方式是指主站系统推出故障隔离和转供电策略后，不自动下发遥控命令，而是由调度人员手动下发。

集中型馈线自动化不仅在故障时可以发挥作用，在配电网正常运行时也可进行集中监测和遥控，且不会对系统造成额外的电流冲击，但是需要主站和通信网络，建设费用较高。

在具备配电自动化主站故障研判系统的情况下，故障指示器作为配电自动化设备，完成故障定位功能。利用自动化装置或系统，监视配电网的运行状况，及时发现配电网故障，进行自动故障定位，人工隔离和恢复对非故障区域的供电。

馈线发生故障后，由故障指示器检测电流、电场以判别故障，通过无线公网将故障信息传送到主站，结合配电网的实时拓扑结构，主站自动进行故障的定位，再通过短信将故障区间发送给相关运维人员，由运维人员处理故障。其中距离电源点（变电站等）最远且已动作告警的故障指示器，与该条线路距离电源最近未动作告警的故障指示器之间的区段为故障区段，如图 1-6、图 1-7 所示。故障指示器式馈线自动化具备投资小、受地域限制小等优点，大大缩减检修时间，尤其受交通不便的山区运维人员欢迎。

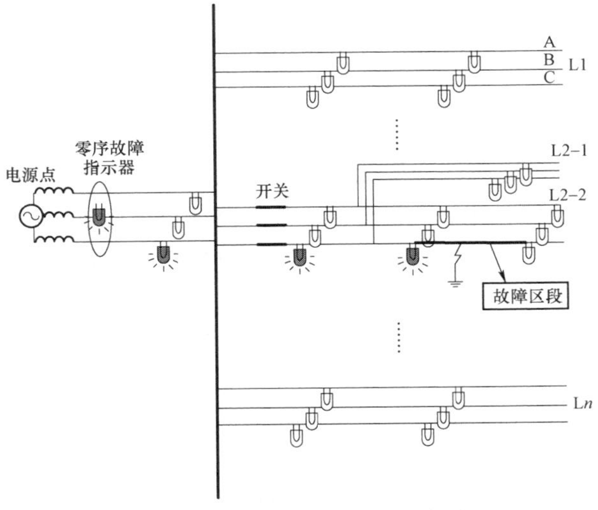

图 1-6　故障指示器单相接地故障定位示意图

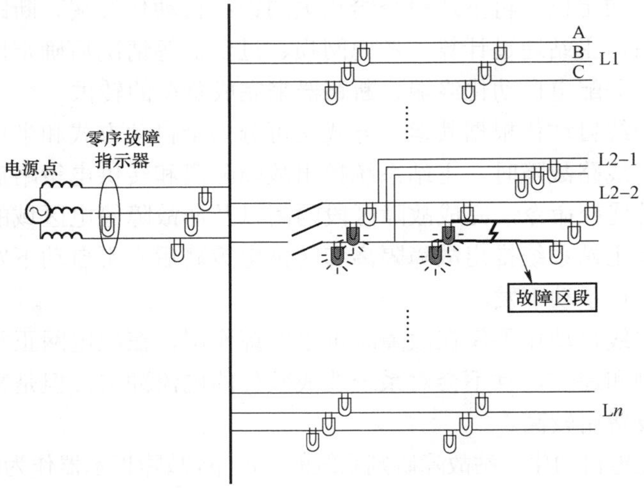

图 1－7　故障指示器两相短路故障定位示意图

1.3　架空线路配电自动化设备

架空线路配电自动化设备包括成套开关及故障指示器等。分段负荷开关成套主要用于主干线分段/联络位置，实现主干线故障就地自动隔离功能，支持电压时间型逻辑；分段断路器成套主要用于满足级差要求，可直接切除主干线、大分支故障，具备重合闸功能；分界负荷开关及分界断路器主要实现用户末端支线故障就地隔离或切除功能；故障指示器选择性安装在分支线或部分分段点，缩小故障查找范围，实现故障定位与指示等功能。

1.3.1　一二次融合成套柱上开关

成套开关具备自适应综合型就地馈线自动化功能，不依赖主站和通信，通过短路/接地故障检测技术、无压分闸、故障路径自适应延迟来电合闸等控制逻辑，自适应多分支、多联络配电网架、实现单相接地故障的就地选线、区段定位与隔离；配合变电站出线开关一次合闸，实现永久性短路故障的区段定位和瞬时性故障供电恢复；配合变电站出线开关二次合闸，实现永久性故障的就地自动隔离和故障上游区域供电恢复。

（1）开关本体。开关采用防凝露免维护设计，开关本体和操动机构采用全绝缘、全密封结构。

1）断路器。断路器是配电网中最主要的开关设备，正常时用于切断和接通负载电流，短路故障时可迅速地切除短路电流。根据灭弧材料不同，可分为真空断路器、油断路器、压缩空气断路器和 SF_6 断路器等。根据断路器总体结构和其对地绝缘方式的不同，可分为支柱断路器和罐式断路器，如图 1－8 所示。按照装设地点的不同，可分为户外式和户内式。按照断路器操动机构的不同，分为手动机构、直流电磁机构、弹簧机构、液压机构、液压弹簧机构、气动机构、电动操动机构等。

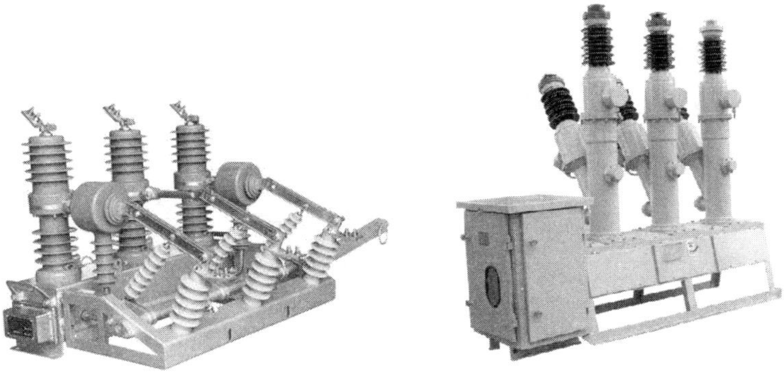

(a)　　　　(b)

图 1－8　断路器

（a）支柱式断路器；（b）罐式断路器

目前配电网中常用真空断路器和 SF_6 断路器，其中 SF_6 柱上共箱式断路器，利用 SF_6 气体作为灭弧和绝缘介质，采用旋弧、压气、自能等灭弧室结构，特点是开断容量和次数满足了用户的使用要求，密封要求高，制造工艺要求高。之后出现较多的是共箱式柱上真空断路器，其断开接口在真空泡内，真空泡外的绝缘介质有 SF_6 或空气，其特点是灭弧能力强、使用寿命长，适于频繁操作，开断容量大。SF_6 断路器和真空断路器额定电流不小于 630A，开断电流 20kA，开断短路电流次数多达 30 次。在 85%～110%额定操作电压范围内能可靠合闸；在 65%～110%额定操作电压的范围内能可靠分闸；电压低于 30%额定操作电压不脱扣。

如图 1－9 所示，以真空断路器为例，真空断路器组件包括进出线套管、电流组合互感器、外壳、防爆装置、绝缘拉杆、固定横担、起吊装置、上盖、主轴、绝缘盒、电压互感器和真空灭弧室等。其中灭弧室是断路器的核心单元，如图 1－10 所示，灭弧室包括上出线座、上支柱绝缘筒、导电夹、上支柱绝缘筒、触头弹簧、连接杆、波纹套、软连接、法兰、绝缘拉杆、真空灭弧室等。

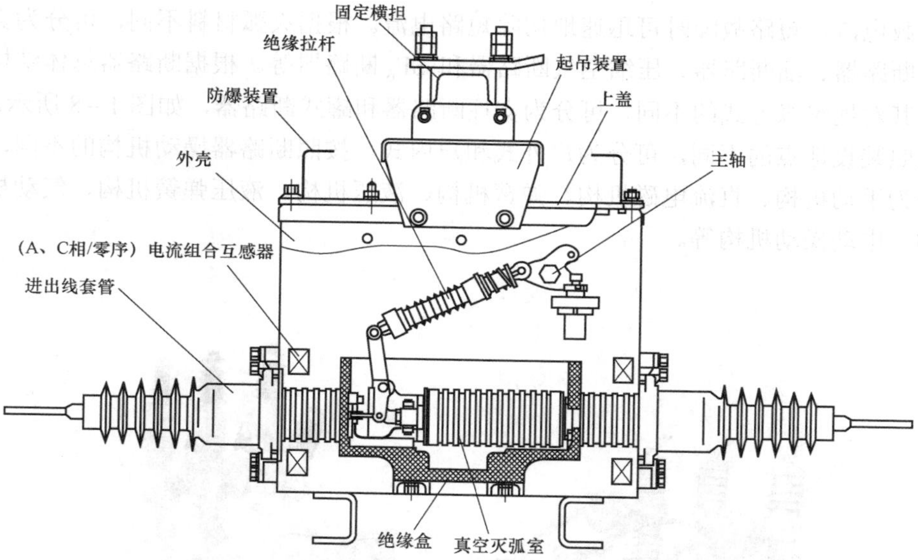

图 1－9 真空断路器结构

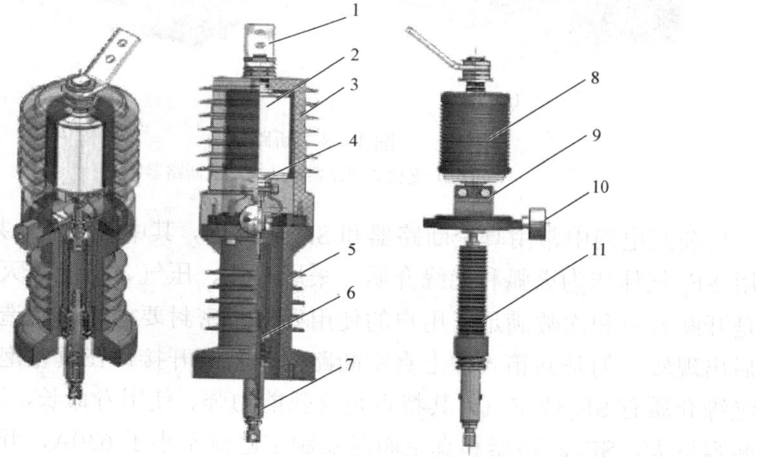

图 1－10 真空断路器灭弧室结构

1—上出线座；2—真空灭弧室；3—上支柱绝缘筒；4—导电夹；5—下支柱绝缘筒；6—触头弹簧；7—连接杆；8—波纹套；9—软连接；10—法兰；11—绝缘拉杆

2）负荷开关。负荷开关广泛应用在 10～35kV 配电网中，其结构较为简单，相当于隔离开关和简单灭弧装置的结合，能够开断正常的负荷电流或规定内的过负荷电流，但无法切断短路电流，如图 1－11 所示。负荷开关与熔断器配合使用，借助熔断器切断短路电流及过载电流，在功率不大或不太重要的场所可代替断路器使用。此外在配电网络中，也常用负荷开关开断小电流，如变压器的励磁电流、供电线路对地电容电流等，用负荷开关开断电容器特别有效。负荷开关与隔离开关类似，具备明显的断开点，因此也具有隔离电源、保证安全检修的作用。与断路器一样，目前配电网中常用真空负荷开关和 SF_6 负荷开关。负荷开关与断路器的主要区别在于其不能开断短路电流，在配网自动化中负荷开关作为自动分断开关与重合器或带重合功能的断路器配合，配套馈线终端实现馈线自动化功能。其中，分段/联络负荷开关采用内置隔离开关设计，隔离开关与灭弧室串联异步联动，互为闭锁，隔离开关先于灭弧室触头合闸，后于灭弧室触头分闸，关合时间差控制在 15～40ms，隔离断口≥25mm。开关操动机构采用电磁机构时，具备“来电合闸，失压分闸”功能，可手动/电动操作；额定操动电压为 AC 220V，在低于 65V 需保障可靠分闸，高于 160V 需可靠合闸；操动机构采用弹簧机构时，配合 FTU 实现“来电合闸，失压分闸”功能，可手动/电动操作，额定操作电压 DC24V。分界负荷开关弹簧操动机构采用手动储能、合闸，电动分闸；在 65%～110%额定操作电压的范围内能可靠分闸，电压低于 30%额定操作电压不脱扣；开关操动机构分闸功耗不大于 240W/100ms。

图 1－11　真空负荷开关

（2）架空配电自动化终端。配电自动化终端具有遥控、遥信，故障检测功能，并与配电自动化主站通信，提供配电系统运行情况和各种参数即监测控制所需信息，包括开关状态、电能参数、相间故障、接地故障以及故障时的参数，并执行配电主站下发的命令，对配电设备进行调节和控制，实现故障定位、故障隔离和非故障区域快速恢复供电功能。根据安装位置的不同，架空配电自动化终端包括馈线终端（FTU，如图 1－6 所示）、配电变压器监测终端（TTU）、故障指示器。馈线终端与配电变压器终端采集信息见表 1－2。

表 1－2　　馈线终端与配电变压器终端采集信息

信息类型	信息名称	终端类型	
		FTU	TTU
遥信量	开关位置信号	√	×
	操动机构储能信号	√	×
	气压信号（SF_6 开关）	○	×
	后备电源告警信号	○	×

续表

信息类型	信息名称	终端类型	
		FTU	TTU
遥信量	隔离开关位置信号	○	×
	保护动作信号	○	×
	无功补偿设备开关信号	×	○
	通信状态	√	√
	装置自身状态	√	√
遥测量	电流	√	√
	电压	√	√
	频率	○	√
	零序电流	○	○
	零序电压	○	○
	功率	○	√
	功率因数	○	√
	电能	○	√
	负序电压	○	√
	谐波	○	○
	后备电源电压	○	○
	温度	○	○
	电压越限时间	×	○
	电压合格率	×	○
	供电可靠性	×	○
	电压/电流/有功/无功功率因数的极值发生时刻	×	○
	无功补偿电容器投切次数	×	○
控制量	开关操作控制	√	×
	蓄电池充放电控制	○	○
	PLC 功能控制	×	×
	变压器分接头控制	×	○
	无功补偿控制	×	○
	告警输出控制	○	○

注 √—具备；×—不具备；○—选配。

配电自动化终端功能一览见表 1－3。

表 1-3　　　　馈线终端与配电变压器终端功能配置

功能	FTU	TTU
SCADA	√	√
短路故障检测	√	○
单相接地故障检测	○	○
存储功能	√	√
保护功能	○	○
就地控制功能	○	○
分布式智能控制	√	○
当地/远方/闭锁控制	√	○
双位置遥信处理	○	○
相量测量	○	○
故障电流方向检测	○	○
波形记录	○	○
电能质量检测	○	√
负荷统计功能	○	√
负荷记录功能	○	√
告警功能	√	√
数据处理与转发	○	○
自诊断/自恢复功能	√	√
运行维护功能	√	√
不间断供电	√	√
工作电源监视	√	√
Web 浏览	○	○
通信功能	√	√
通道监视	√	√

注　√—具备；○—选配。

馈线终端（FTU）按功能分为“三遥”终端和“二遥”终端，其中，“二遥”馈线终端又可分为基本型终端、标准型终端和动作型终端；按结构、安装形式分为罩式终端和箱式终端，如图 1-12 所示。FTU 主要性能见表 1-4。

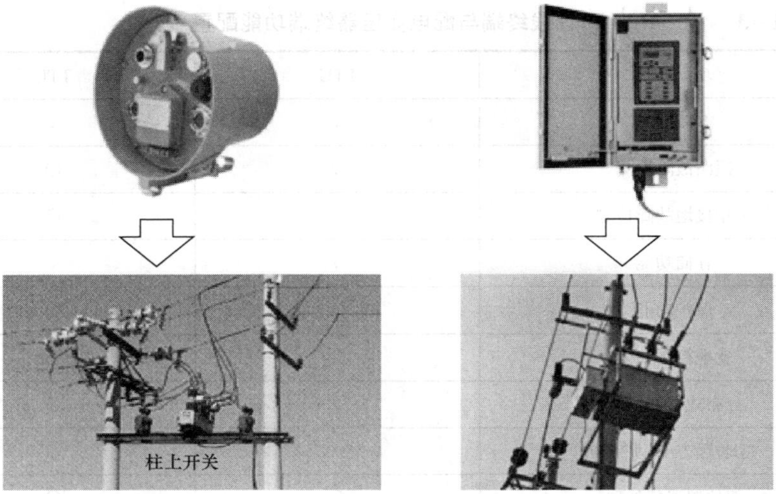

(a)　　　　(b)

图 1－12　馈线终端

（a）罩式馈线终端；（b）箱式馈线终端

表 1－4　　馈线终端主要性能

序号	主要性能	性能描述
1	测量功能	采集三相电流、线电压、频率、有功功率、无功功率、零序电流和零序电压等
2	保护功能	满足 Q/GDW 514—2013《配电自动化终端子站功能规范》及 GB/T 35732—2017《配电自动化智能终端技术规范》相关要求； 分段/联络断路器、分界断路器具备相间故障检测及跳闸功能、相间故障信息上传功能； 分段/联络断路器、分界断路器、分界负荷开关具备进出线接地故障的检测及跳闸功能；具备故障录波与通信上传功能（接地故障录波每周波 80 点以上）
3	线损采集功能	FTU 采用配电线损采集模块实现线损采集功能：正反向有功电量计算和四象限无功电量计算及功率因数计算及电能量数据冻结功能（日冻结数据，功率方向改变时的冻结数据）
4	精度	保护、测量、计量电压：外置 TV 线电压额定输入为 100V，测量精度≤0.5%； 保护、测量、计量电流：三相额定输入为 1A 或 5A；保护≤3%；测量精度为 0.5 级； 零序电流：20A/1A；测量精度≤0.5%； 零序电压：6.5V/3；测量精度 3P； 电能量：有功电量计算精度：0.5S 级；无功电量计算精度：2 级；功率因数分辨率 0.01
5	功耗	“三遥”FTU、“二遥”动作型 FTU 整机功耗不大于 35VA（含配电线损采集模块，不含通信模块、后备电源）
6	结构、工艺	罩式结构：满足 IP67 防护等级，满足下水试验要求。 箱式结构：满足 IP54 防护等级，箱体内金属附件，板材建议采用非金属钝化处理以减少凝露，箱体底部留有导流孔采用塑件包裹型标准电压电流端子排，安装后外视无带电裸露点导线头部处理，接入端子后，根部无金属裸露。 控制器线路板、连接件外露针需做三防绝缘处理（三防漆，绝缘漆，硅橡胶灌封），绝缘材料为非易燃品；FTU 满足 DL/T 721—2013《配电网自动化系统远方终端》有关湿热条件实验要求

（3）配套关键组件。分段/联络断路器成套设备开关本体内置高精度、宽范围的电流互感器和零序电压传感器，提供 I_a、I_b、I_c、I_0（保护及测量合一）电流信号和零序电压 U_0 信号，满足故障检测、测量、线损采集等功能要求；外置 2 台电磁式 TV（安装在开关两侧，TV 应采用双绕组），为成套设备提供工作电源和线路电压信号。

分段/联络负荷开关成套设备开关本体内置高精度、宽范围的电流互感器和零序电压传感器，提供 I_a、I_b、I_c、I_0（保护及测量合一）电流信号和零序电压 U_0 信号，满足故障检测、测量、线损采集等功能要求；外置 2 台电磁式 TV（安装在开关两侧，TV 应采用双绕组），为成套设备提供工作电源和线路电压信号。

分界断路器成套设备开关至少内置 A、C 相 TA 和零序 TA，满足相电流和零序电流应用要求，配套 1 台电磁式 TV（安装在电源侧），为成套设备提供工作电源和线路电压信号。

分界负荷开关成套设备开关至少内置 A、C 相 TA 和零序 TV，满足相电流和零序电流应用要求。外置（或内置）1 台电磁式 TV（安装在电源侧），为成套设备提供工作电源和线路电压信号。

1.3.2 配电线路故障指示器

故障指示器是安装在配电线路上，用于检测线路短路和接地故障，就地或远传故障报警信息的配电自动化设备，如图 1－13 所示。远传型架空故障指示器包括外施信号远传型故障指示器、暂态特征远传型故障指示器、暂态录波型故障指示器三种。就地型架空故障指示器包括外施信号就地型和暂态特征就地型两种。远传型与就地型在结构上的区别在于，就地型无汇集单元，就地型的采集单元不具备通信模块。

故障指示器故障判据见表 1－5 和表 1－6。

表 1－5　远传型故障指示器故障判据

判　据	外施信号远传型	暂态特征远传型	暂态录波型
短路故障判断方法	突变量法	突变量法	突变量法
接地故障判断方法	外施信号法	暂态特征	暂态录波法

表 1－6　就地型故障指示器故障判据

判　据	外施信号远传型	暂态特征远传型
短路故障判断方法	突变量法	突变量法
接地故障判断方法	外施信号法	暂态特征

对于线路的短路故障，五种故障指示器均采用突变量法判据，该判据原理为当故障电流的突变量超过整定值且持续时间达到动作时限时线路停电，就地判断短路故障并远传故障信息。对于接地故障的判断方法，分为外施信号法、暂态特征法、暂态录波法，具体如下。

1）暂态特征远传型故障指示器。如图 1－13 所示，暂态特征远传型故障指示器由 3 只采集单元和 1 台汇集单元构成。在发生单相接地故障瞬间，线路对地分布电容的电荷通过接地点放电，形成一个明显的暂态电流和暂态电压，二者存在特定的相位关系，以此判断线路是否发生了接地故障。

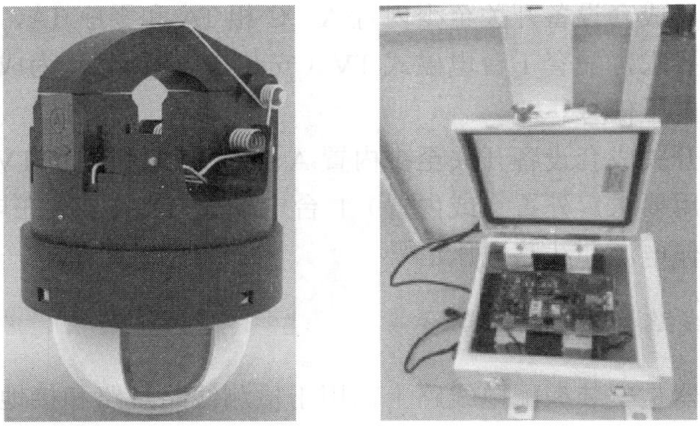

(a)　　　　　　(b)

图 1－13　暂态特征远传型故障指示器

（a）采集单元；（b）汇集单元

2）暂态录波型故障指示器。如图 1－14 所示，暂态录波型故障指示器由 3 只采集单元和 1 台汇集单元构成。3 只相序采集单元通过无线对时同步采样，实时录制线路电流波形，在发生单相接地故障后，采集单元将故障前后的电流波形发送至汇集单元，由汇集单元合成暂态零序电流波形，转化为波形文件后上传主站。主站收集故障线路所属母线所有故障指示器的波形文件，根据零序电流的暂态特征并结合线路拓扑综合研判，判断出故障区段，再向故障回路上的故障指示器发送命令，进行故障就地指示。

3）外施信号型故障指示器。如图 1－15 所示，外施信号型故障指示器由 3 只采集单元、1 台汇集单元和 1 台外施信号发生装置构成。外施信号型故障指示器与外施信号发生装置配套使用，适用于中性点不接地或消弧线圈接地的 10kV 配电线路。当配电线路发生持久性接地故障时，外施信号发生装置一般先投切故障相进行熄弧，再按设定的时间特征序列投切非故障相，向故障线路回路注入特征工频电流信号，由外施信号型故障指示器可靠检测接地故障。

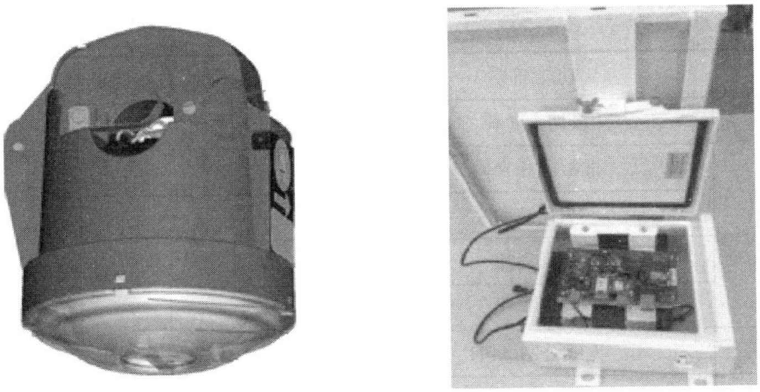

(a) (b)

图 1－14 暂态录波型故障指示器

（a）采集单元；（b）汇集单元

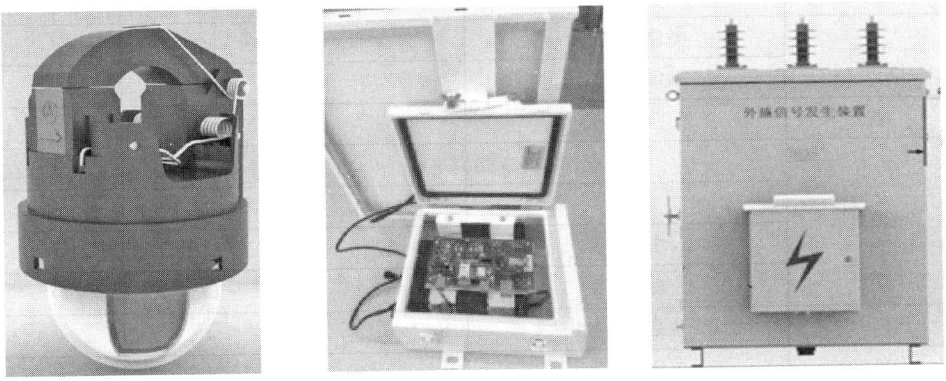

(a) (b) (c)

图 1－15 外施信号型故障指示器

（a）采集单元；（b）汇集单元；（c）外施信号源

三种故障指示器功能区别见表 1－7。

表 1－7　　三种故障指示器功能区别

功能	功能细类	外施信号远传型	暂态特征远传型	暂态录波型
短路故障	短路判断功能	√	√	√
	短路故障就地判断故障	√	√	√
	需要主站支持	×	×	×
接地故障	接地判断功能	√	√	√
	接地故障就地判断	√	√	×
	需要外施信号源支持	√	×	×
	需要主站支持	×	×	√

续表

功能	功能细类	外施信号远传型	暂态特征远传型	暂态录波型
防误功能	投切大负荷	√	√	√
	非故障相合闸	√	√	√
	负荷波动	√	√	√
	合闸涌流	√	√	√
	临近干扰	√	√	√
通信方式	无线公网 APN	√	√	√
遥测	相电流	√	√	√
	零序电流	×	×	√
	电场	√	√	√
	故障电流	√	√	√
遥信	故障变位信号	√	√	√
	故障电流信号	√	√	√
录波	录波	×	×	√
故障指示	闪烁	√	√	√
	翻牌	√	√	×
	主站指示	√	√	√
	短信告警	○	○	○
区间定位	故障定位是否需要主站支持	√	√	√
故障隔离	遥控开关功能	×	×	×

注　√—具备；×—不具备；○—选配。

调试验收

2.1 一二次融合成套柱上开关设备

一二次融合成套柱上开关设备（以下简称成套柱上开关），成套柱上开关是将柱上开关和终端、TV 及二次电缆等一次设备、二次设备融合在一起，实现柱上开关的自动化功能。

2.1.1 试验

1. 概述

成套柱上开关是配电网重要的控制和保护设备，在正常运行中用于接通高压电路和断开负载，在发生事故的情况下自动切断故障电流，必要时进行重合闸。试验对象及主要试验内容见表 2－1。

表 2－1　　试验对象及主要试验内容

试验对象	主要试验内容
开关本体	（1）绝缘电阻试验； （2）交流耐压试验（主回路对地、相间及断口）； （3）回路电阻试验
终端	（1）终端基本性能试验； （2）“三遥”功能（遥信、遥测、遥控）试验； （3）逻辑功能试验
TV	（1）一次绕组、二次绕组绝缘电阻试验； （2）一次绕组、二次绕组交流耐压试验； （3）一次绕组、二次绕组直流电阻试验； （4）感应耐压试验

成套柱上开关按照试验阶段划分，可分为型式试验、出厂试验、交接试验，不同的阶段试验内容不同，侧重点也不同。成套柱上开关按照试验对象划分，

试验内容也不一样，包括开关本体、终端、TV 试验等。此处重点针对交接试验进行介绍。

2. 试验安全技术要求

（1）对安全工器具的要求。

1）服装、绝缘鞋、绝缘垫。试验人员应穿着长袖棉质工作服和绝缘鞋，戴安全帽，操作人应站在绝缘垫上。绝缘工具应经试验合格并在有效期内。

2）围栏。高压试验区周围应设置围栏，并在围栏上悬挂适当数量的“止步，高压危险！”的标示牌，标示必须朝向围栏的外侧。围栏与高压引线、试验设备带电部分必须有足够的安全距离，加压时应设专人监护。

3）接地线。试验装置的金属外壳必须可靠接地。接地线应使用多股裸铜线或带透明绝缘层的铜质软绞线，其截面应能满足试验要求，并不得小于 $4mm^2$。接地线与接地体应连接牢固，并接触良好，严禁缠绕。严禁在低压回路的中性线或水管上接地。

4）电源。控制箱高压试验的低压电源箱必须规范，应有符合要求的 220V 或 380V 交流电源，严禁一相线一地的方式，电源端应连有合适的触电保护器。电源控制箱应装设有明显断开点的双极闸刀和过电流跳闸装置。连接电源时必须有人监护，并将电源盘或电源闸刀、电源线放至所需位置后再接通电源，严禁带电移动电源盘或电源闸刀。

5）高压引线。测量用的高压引线应用屏蔽线，连接必须牢固，必要时用绝缘物做支撑。

（2）试验前准备工作。

1）试验分工。试验开始前，试验负责人应明确每个试验人员的分工和职责，并对全体试验人员详细交代工作内容、安全注意事项和带电部位。

2）接线检查。加压前，试验负责人必须认真检查试验设备和试品的情况，是否符合试验要求，检查试验接线、试验设备高压接地线是否已拆除及试验人员的就位情况。

3）试验设备检查。检查交流耐压试验装置、直流测试仪等试验设备外观是否完好，液晶显示是否正常，是否经过检定、校核，检查绝缘电阻表短接和开路时读数是否正常。

（3）试验过程。

1）发、复令和呼唱。试验负责人发令，操作人员应复令，发、复令用语应规范、明确。

2）试验设备操作。操作人应在试验负责人许可后，一手按下高压按钮，一手放在跳闸按钮上，操作人应随时警惕异常情况的发生，一旦发生异常应迅速按下跳闸按钮。

3）放电、接地。加压结束后，电压降为零，跳开电源开关，由操作人拉开电源闸刀，由监护人或接线员对加压设备的高压输出端及试品进行放电并可靠接地。放电时应使用接地操作棒，总长度不得小于100cm，其中绝缘部分70cm，握手部分30cm。

4）更改接线。在加压设备的高压输出端已可靠接地、试品已充分放电接地、确认电源侧闸刀已拉开后，试验负责人方可下令更改接线或结束试验。更改接线人员应在试验负责人下令可以更改接线后，并确认电源侧闸刀已拉开，加压设备高压输出端和试品已短路接地，方可改线。

（4）试验危险点。

1）高压引线及试验设备带电部分必须有足够的安全距离，要防止因距离不够引起放电。

2）测量用的屏蔽线在测量时屏蔽网带高压，严禁用手接触；因绝缘电阻测量后对被试设备充满了电荷，故必须对试品进行充分放电。严禁在试品不接地状态接触试品或更改接线。

3）应做好隔离措施，防止对试验设备的反充电，损坏试验设备。

4）工作结束时要加强自验收，防止遗漏试验短接线等物品。

3. 开关本体试验

（1）试验所需的仪器仪表见表2－2。

表2－2　　试验所需的仪器仪表

序号	名称	数量	备　注
1	试验警示围栏	若干	
2	标示牌	若干	
3	安全带	若干	
4	万用表	1只	
5	便携式电源线架	若干	带漏电保护器
6	绝缘操作杆	若干	
7	温湿度计	1只	
8	计算器	1只	
9	绝缘绳、绝缘带	若干	
10	工具箱	1个	
11	试验测试线（绝缘导线、接地线等）	1个	
12	绝缘放电棒	若干	
13	直流高压发生器	若干	一般采用40～60kV直流高压发生器
14	整流电源型绝缘电阻表（俗称电动摇表）	1台	输出电压500、1000、2500、5000V
15	回路电阻测试仪	1只	输出电流不小于100A
16	交流耐压试验装置	1套	输出电压50kV，容量不低于2kVA

（2）试验内容及要求见表 2-3。

表 2-3　　试验内容及要求

序号	试验内容	试验要求	主要试验仪器仪表	说　明
1	回路电阻试验	运行中根据实际情况规定，建议不大于 1.2 倍出厂值	回路电阻测试仪	（1）用直流压降法测量，电流不小于 100A; （2）必要时，如怀疑接触不良时
2	绝缘电阻试验	（1）柱上自动化开关绝缘电阻一般不低于 50MΩ; （2）各元件按以下要求考核：断口绝缘电阻不应低于 300MΩ	绝缘电阻表	（1）采用 2500V 绝缘电阻表; （2）必要时，如怀疑绝缘不良时
3	交流耐压试验（主回路对地、相间及断口）	试验电压值按出厂试验电压值的 0.8 倍	交流耐压试验装置	相间、相对地及断口的耐压值相同

（3）回路电阻试验。

1）试验目的。回路电阻是控制开关质量和运行状态的一项重要技术措施。回路电阻主要取决于开关的动、静触头间的接触电阻，而动、静触头间的接触电阻由于受各种因素影响（如接触面氧化、接触面积减小、接触压力下降等）而发生变化。接触电阻增大会严重影响开关长期载流和短路时通过极限电流的性能，甚至导致开关爆炸。因此，回路电阻测试是开关型式试验、出厂试验、交接试验和预防试验中重要的试验项目。

2）试验方法。测试回路电阻一般采用电压降法进行，其原理是：在被测回路中，通过直流电流时，在回路接触电阻上将产生电压降，测出通过回路的电流值以及被测回路上的电压降，根据欧姆定律计算出接触电阻。

目前，一般采用回路电阻测试仪测量回路电阻。回路电阻测试仪的工作原理仍然是直流电压降法，通常采用交流 220V 电压经整流后，通过开关电路转换为高频电流，最后再整流为 100A 的低压直流作为测量电源，具有自动恒流并数显测试电流值和回路电阻值的功能。

3）试验步骤。

a. 记录试验时现场温度、湿度及被试设备铭牌上的设备型号、出厂编号、生产日期、生产厂家等数据。

b. 检查柱上自动化开关在合闸位置，被试开关一端接地，减小感应电的影响。

c. 选择合适位置，将回路电阻测试仪水平放稳，试验前对回路电阻测试仪本身进行检查。使用专用测试线，认真检查测试线的连接，必要时用砂纸打磨，如疑绝缘不良时。

d. 接线原理图如图 2－1 所示。将测试线从仪器的正负电压级、电流级引出，并夹到开关两侧的出线板上。

e. 启动测试仪开始测量，待测量值稳定，仪器指示无变化时，记录测量电阻值。要求测试电流输出值不小于 100A，保证足够的稳定时间。

f. 待测试仪显示已完全放电才能断开测试回路，记录被测开关的相别及该相的导电回路电阻值。柱上自动化开关导电回路电阻测试见表 2－4。

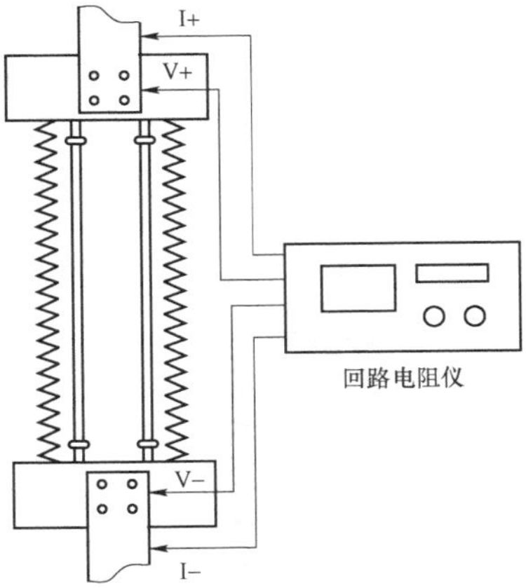

图 2－1　回路电阻测试仪接线图

表 2－4　柱上自动化开关导电回路电阻测试表

开关类型	试验要求	试验电流（A）	导电回路电阻（μΩ）		
			A 相	B 相	C 相
断路器/负荷开关	开关导电回路电阻测量值不大于制造厂规定值的 120%				

4）试验数据要求。开关导电回路电阻测量值不大于制造厂规定值的 120%。

（4）绝缘电阻试验。

1）试验目的。绝缘电阻的试验是电气设备绝缘测试中应用最广泛、试验最方便的项目。绝缘电阻值的大小，能有效地反映开关断口和整体的绝缘状况。绝缘电阻最常用的是绝缘电阻测试仪。

2）试验方法。开关绝缘电阻试验包括开关整体绝缘电阻测量及断口间绝缘电阻测量。

a. 开关整体绝缘电阻测量。开关处于合闸状态，开关导电回路部分接绝缘电阻表高压端，绝缘电阻表 E 端接地，对开关施加 2500V 试验电压，即可测量整体绝缘电阻。

b. 开关断口间绝缘电阻。开关处于分闸状态，将绝缘电阻表 L 端引线和 E 端引线分别接至开关断口间，对断口施加 2500V 试验电压，即可测量断口间绝缘电阻。

3）试验步骤。

a. 选择合适位置，将绝缘电阻表水平放稳，试验前对绝缘电阻表进行“短路”“开路”测试检查。

b. 参考试验结线示意图，将绝缘电阻表的接地端与被试品的接地端连接，将带屏蔽的连接线接到被试品的高压端（必要时接上屏蔽环），注意试验用的导线应使用绝缘护套线或屏蔽线，如图 2-2 所示，认真检查测试线和接地线的连接，检查绝缘电阻表的输出端接线。

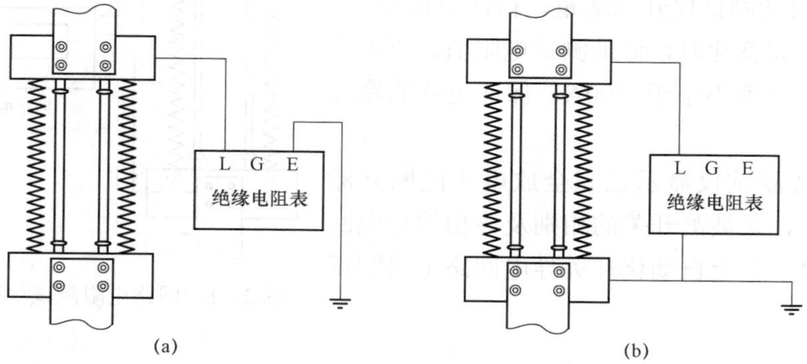

图 2-2 柱上自动化开关绝缘电阻试验接线图

（a）断路器合闸；（b）断路器分闸

c. 启动绝缘电阻表开始测量，记录 60s 时的测量值。

d. 停止测量，放电并接地（对带保护的整流电源型绝缘电阻表，否则应先断开接至被试品高压端的连接线，然后停止测量），必须等待测试仪显示已完全放电才能断开测试回路。

4）试验数据要求。开关断口和整体的绝缘电阻，交接试验不应小于 1200MΩ，在运行中应不小于 300MΩ。

（5）交流耐压试验。

1）试验目的。交流耐压试验是鉴定设备绝缘强度最有效和最直接的试验项目。对开关进行交流耐压试验的目的是为了检查开关的绝缘水平，考核开关的绝缘强度。

2）试验方法。柱上自动化开关交流耐压试验一般采用工频试验变压器进行。包括开关主回路对地、相间交流耐压试验、开关断口间交流耐压试验。交流耐压试验一般规定如下。

a. 被试开关在交流耐压试验前，应先进行绝缘电阻试验，合格后再进行耐压试验。

b. 交流耐压试验时加至试验标准电压后的持续时间，无特殊说明，均为 60s。

c. 升压必须从零（或接近零）开始，切不可冲击合闸。升压速度在 75%试验电压前，可以是任意的，从 75%电压开始应均匀升压，以每秒 2%试验电压的速率上升。耐压试验后，迅速均匀降压至零（或接近零），然后切断电源。

3）试验步骤。开关主回路对地、相间交流耐压试验：

a. 检查确认开关绝缘电阻合格。

b. 选择合适位置将工频耐压装置平稳放置，将接地端可靠接地，保证预留高压引线的走向以及与被试断路器连接的角度满足要求。

c. 参考试验结线示意图，如图 2－3 所示，将耐压试验设备的高压引线连接到被试开关上，其他两相非被测开关短接接地。

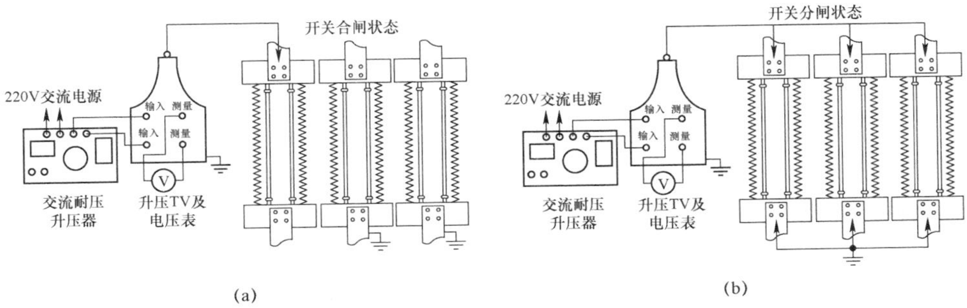

图 2－3　柱上自动化开关相对地、相间交流耐压试验接线图

（a）主回路对地、相间（分相三次进行）；（b）断口（三相一起进行）

d. 按照升压程序升高电压至耐压试验值，持续时间 60s，试验过程中如发现异常情况立即停止试验，耐压试验后降压至零，断开电源，并对设备放电。记录柱上自动化开关相对地绝缘电阻、耐压试验值见表 2－5。

表 2－5　　柱上自动化开关相对地绝缘电阻、耐压试验

柱上自动化开关相对地绝缘电阻、耐压试验					
相别	绝缘电阻（MΩ）		试验电压	试验时间	试验结果
	耐压前	耐压后			（通过/不通过）
A					
B					
C					

开关断口间交流耐压试验：

a. 检查确认开关断口间绝缘电阻合格。

b. 选择合适位置将工频耐压装置平稳放置，将接地端可靠接地，保证预留高压引线的安全路径及与被试断路器连接的角度满足要求。

c. 参考试验结线示意图，如图 2－4 所示，检查确认开关处于分闸位置，将耐压试验设备的高压引线连接到被试开关电源侧三相上，负荷侧三相短接接地。

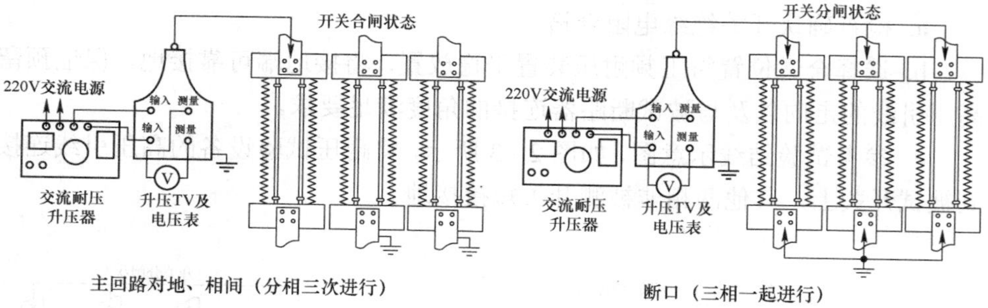

图 2－4　柱上自动化开关断口交流耐压试验接线图

d. 按照升压程序升高电压至耐压试验值，持续时间 60s，试验过程中如发现异常情况立即停止试验，耐压试验后降压至零，断开电源，并对设备放电。记录柱上自动化开关相对地绝缘电阻、耐压试验值（连电流互感器），见表 2－6。

表 2－6　柱上自动化开关相对地绝缘电阻、耐压试验（连电流互感器）

柱上自动化开关相对地绝缘电阻、耐压试验（连电流互感器）					
相别	绝缘电阻（MΩ）		试验电压	试验时间	试验结果
	耐压前	耐压后			（通过/不通过）
A					
B					
C					

4）试验要求。要求耐压试验前后，绝缘电阻没有变化。

4. 电源 TV 试验

（1）试验仪所需的器仪表。TV 试验仪器及工具见表 2－7。

表 2－7　TV 试验仪器及工具

序号	名　称	数量	备　注
1	试验警示围栏	若干	
2	标示牌	若干	
3	安全带	若干	
4	万用表	1 只	
5	便携式电源线架	若干	带漏电保护器
6	绝缘操作杆	若干	
7	温湿度计	1 只	
8	计算器	1 只	
9	绝缘绳、绝缘带	若干	

续表

序号	名　　称	数量	备　　注
10	工具箱	1个	
11	试验测试线（绝缘导线、接地线等）	1个	
12	绝缘放电棒	若干	
13	直流高压发生器	若干	一般采用40～60kV直流高压发生器
14	整流电源型绝缘电阻表（俗称电动摇表）	1台	输出电压500、1000、2500、5000V
15	交流耐压试验装置	1套	输出电压50kV，容量不低于2kVA
16	三倍频耐压器	1套	输出电压0～400V连续可调，输出频率45～300Hz连续可调

（2）试验内容及要求。试验内容、周期及要求见表2-8。

表2-8　　TV试验内容及要求

序号	试验内容	试验要求	主要试验仪器	说　明
1	TV绝缘电阻试验	电压互感器不应低于出厂值或初始值的70%	绝缘电阻表	（1）采用2500V绝缘电阻表； （2）必要时，如：怀疑有绝缘缺陷时
2	TV交流耐压试验	试验电压值按出厂试验电压值的0.8倍	交流耐压试验装置	
3	TV一次、二次绕组直流电阻试验	运行中根据实际情况规定，建议不大于1.2倍出厂值	直流电阻测试仪	用直流压降法测量，电流不小于100A
4	TV感应耐压试验	无破坏性放电现象	倍频耐压器	感应耐压试验，耐压时间为$t=6000/f$(s)，但不得低于20s，一般采用150Hz，耐压时间40s

（3）TV绝缘电阻试验。

1）试验目的。TV绝缘电阻值的大小，能有效地反映TV一次和二次的绝缘状况，最常用的是绝缘电阻测试仪。

2）试验方法。TV绝缘电阻试验包括TV一次绕组绝缘电阻测量、二次绕组绝缘电阻测量。

3）试验步骤。

a. TV一次绕组绝缘电阻测量：TV一次侧导电回路全部短接在一起，接绝缘电阻表高压端L端；TV二次绕组全部短接在一起，接地并接绝缘电阻表E端，施加2500V试验电压，即可测量一次侧绝缘电阻。

b. TV 二次绕组绝缘电阻测量：TV 二次侧导电回路全部短接在一起，接绝缘电阻表高压端 L 端；TV 一次绕组全部短接在一起，接地并接绝缘电阻表 E 端，施加 1000V 试验电压，即可测量二次绕组绝缘电阻。

4）试验要求。不应低于出厂值或初始值的 70%。

（4）TV 交流耐压试验。

1）试验目的。对 TV 进行交流耐压试验的目的是为了检查 TV 的绝缘水平，考核 TV 的绝缘强度。TV 交流耐压试验包括 TV 一次绕组交流耐压试验和 TV 二次绕组交流耐压试验。

2）试验方法。TV 交流耐压试验一般考虑采用工频试验变压器进行。

a. 被试 TV 在交流耐压试验前，应先进行绕组绝缘电阻试验，合格后再进行耐压试验。

b. 交流耐压试验时加至试验标准电压后的持续时间，无特殊说明，均为 60s。

c. 升压必须从零（或接近零）开始，切不可冲击合闸。升压速度在 75% 试验电压前，可以是任意的，从 75%电压开始应均匀升压，以每秒 2%试验电压的速率上升。耐压试验后，迅速均匀降压至零（或接近零），然后切断电源。

3）TV 一次绕组交流耐压试验步骤。

a. 检查确认 TV 一次绕组绝缘电阻合格。

b. 选择合适位置将工频耐压装置平稳放置，将接地端可靠接地，保证预留高压引线的走向以及与被试 TV 连接的角度满足要求。

c. 被试 TV 一次绕组全部短接，将耐压试验设备的高压引线连接到被试 TV 一次绕组侧，被试 TV 的二次绕组侧全部短接在一起并接地。

d. 按照升压程序升高电压至耐压试验值，持续时间 60s，试验过程中如发现异常情况立即停止试验，耐压试验后降压至零，断开电源，并对设备放电。TV 一次绕组绝缘电阻、交流耐压试验见表 2－9。

表 2－9　TV 一次绕组绝缘电阻、交流耐压试验

<table>
<tr><th colspan="6">TV 一次绕组绝缘电阻、交流耐压试验</th></tr>
<tr><td rowspan="2">相别</td><td colspan="2">绝缘电阻（MΩ）</td><td rowspan="2">试验电压</td><td rowspan="2">试验时间</td><td>试验结果</td></tr>
<tr><td>耐压前</td><td>耐压后</td><td>（通过/不通过）</td></tr>
<tr><td>A/B/C</td><td></td><td></td><td></td><td></td><td></td></tr>
</table>

4）TV 二次绕组交流耐压试验步骤。

a. 检查确认 TV 绕组绝缘电阻合格。

b. 选择合适位置将工频耐压装置平稳放置，将接地端可靠接地，保证预留高压引线的走向以及与被试 TV 连接的角度满足要求。

c. 被试 TV 二次绕组全部短接，将耐压试验设备的高压引线连接到被试 TV 二次绕组侧，被试 TV 的一次绕组侧全部短接在一起并接地。

d. 按照升压程序升高电压至耐压试验值，持续时间 60s，试验过程中如发现异常情况立即停止试验，耐压试验后降压至零，断开电源，并对设备放电。TV 二次绕组绝缘电阻、交流耐压试验见表 2－10。

表 2－10　　TV 二次绕组绝缘电阻、交流耐压试验

TV 二次绕组绝缘电阻、交流耐压试验					
相别	绝缘电阻（MΩ）		试验电压	试验时间	试验结果
	耐压前	耐压后			（通过/不通过）
A/B/C					

（5）TV 一次、二次绕组直流电阻。

1）试验内容。TV 直流电阻试验包括一次绕组直流电阻试验和全部二次绕组直流电阻试验。TV 一次侧、二次侧直流电阻试验见表 2－11。

表 2－11　　TV 一次侧、二次侧直流电阻试验

TV 直流电阻	试验电流（A）	直流电阻（MΩ）		
		A 相	B 相	C 相
一次绕组直流电阻				
TV 直流电阻	试验电流（A）	$a_{1-n}/a_{2-n}/da-dn$	b_{1-n}/b_{2-n}	c_{1-n}/c_{2-n}
二次绕组直流电阻				

2）试验方法。TV 直流电阻测试常用直流电阻测试仪。

3）试验步骤。

a. 在 TV 高压侧 A、B、C 三相分别与直流电阻测试仪连接起来，分别施加电流，记录高压测 A、B、C 三相的回路电阻。

b. 在 TV 低压侧 a、b、c 三相各绕组分别与直流电阻测试仪连接起来，分别施加电流，记录低压测 a、b、c 三相各绕组的回路电阻。

4）试验数据要求。TV 一次绕组、二次绕组直流电阻测量值不大于制造厂规定值的 120%。

（6）TV 感应耐压试验。

1）试验目的。

感应耐压试验是指 TV 一次绕组（二次绕组）外施一电压，该电压不低于

2倍的额定电源电压，频率不小于2倍最低额定频率，要求在该电压按规定持续的时间内绕组无灼热、飞弧、击穿或损伤等迹象，要求感应耐压试验前后额定工作电源下的空载电流和功耗无明显的变化。

相对于TV的主绝缘即绕组与绕组之间以及绕组与铁芯之间的绝缘而言，TV还有另外一项重要的绝缘性能指标——纵绝缘。纵绝缘是指TV绕组具有不同电位的不同点和不同部位之间的绝缘，主要包括绕组匝间、层间和段间的绝缘性能，而国家标准和国际电工委员会（IEC）标准中规定的感应耐压试验则是专门用于检验TV纵绝缘性能的测试方法之一。

2）试验方法。采用倍频耐压器进行试验。

3）试验步骤。

a. 选择合适位置将三倍频耐压器平稳放置，将接地端可靠接地。

b. 拆接二次引线，拆线时注意力度及防止接错线。

c. 将3倍频输出与电压互感器其中一组二次端子连接，其他组二次端子保证开路并一点接地，电压互感器高压侧接高压测量装置。

d. 施加试验电压，试验过程中应观察仪表变化情况，如试品出现闪络、冒烟、击穿等异常情况，应立即降压，做好安全措施并进行检查，根据检查情况确定重新试验或终止试验。记录TV感应耐压试验表见表2-12。

表2-12　　TV感应耐压试验表

TV感应耐压试验				
相别	试验电压	试验频率	试验时间	试验结果 （通过/不通过）
A/B/C				

4）试验数据要求。若试验过程中无破坏性放电现象，则试验合格。

5. 终端试验

（1）终端试验所需的仪器仪表见表2-13。

表2-13　　终端试验所需的仪器仪表

序号	名　称	数量	备　注
1	试验警示围栏	若干	
2	标示牌	若干	
3	安全带	若干	
4	万用表	1只	

续表

序号	名　　称	数量	备　　注
5	便携式电源线架	若干	带漏电保护器
6	温湿度计	1只	
7	计算器	1只	
8	绝缘绳、绝缘带	若干	
9	工具箱	1个	
10	试验测试线（绝缘导线、接地线等）	1个	
11	绝缘放电棒	若干	
12	整流电源型绝缘电阻表（俗称电动摇表）	1台	输出电压500、1000、2500、5000V
13	交流耐压试验装置	1套	输出电压50kV，容量不低于2kVA
14	继电保护测试仪	1套	三相电流输出，三相电压输出

（2）终端试验内容及要求见表2－14。

表2－14　　终端试验内容及要求

序号	试验内容	试验要求	说　　明
1	对时	主站时钟校时功能	支持北斗和GPS对时功能
2	交流耐压试验	试验电压值按出厂试验电压值的0.8倍	回路对地及回路之间
3	绝缘电阻试验	大于2MΩ	1）采用2500V绝缘电阻表； 2）必要时，如怀疑有绝缘缺陷时
4	遥测	故障电流输入范围不小于10倍额定电流，故障电流总误差不大于3%	遥测越限报警
5	遥控	按照预置、返校、执行的顺序进行	针对具有遥控功能的终端，遥控保持时间可设置
6	遥信	采用光电隔离，并具有软硬件滤波措施，防止输入触点抖动或强电磁场干扰误动	状态变位优先传送主站
7	逻辑功能	来电合闸、失电分闸	硬压板、软压板满足要求
8	动作电流及时间	1.05倍可靠动作，0.95倍不动作	动作时间在允许的范围内

（3）终端基本性能试验。

1）终端外观及结构检查：终端表面无机械损伤、裂痕，紧固螺钉无脱扣现象，接线无松动，按钮操作灵活，铭牌、丝印字迹清晰，标识正确。

2）终端耐压、绝缘电阻要求：电源回路、遥测回路、遥信回路、遥控回路对地及各回路之间耐压及绝缘满足要求。

3）终端软件版本：通过调试软件或者液晶显示屏查看程序版本，正确显示。

4）上电测试：通电后，终端正常运行，指示灯正常显示，主电源、后备电源切换正常。

5）参数配置：通过配置端口参数，计算机能正常连接到终端，可正确配置相关参数。

6）通信测试：GPRS 通信正常，终端能与主站连接。

（4）三遥功能试验。详见“2.1.2 调试”。

（5）逻辑功能试验。详见“2.1.2 调试”。

2.1.2 调试

成套开关调试是指对柱上配电自动化开关及其 TV、终端进行联调，调试内容包括“三遥”功能调试、逻辑功能调试和二次安防调试。主要调试仪器为继电保护仪、笔记本等。调试内容和流程见表 2－15。

表 2－15 调试内容和流程表

序号	调试项目	设备类型	调试流程
1	“三遥”功能	断路器、负荷开关	（1）参数设置； （2）设备连接； （3）蓄电池功能试验； （4）遥测功能试验； （5）遥信功能试验； （6）遥控功能试验
2	逻辑功能	断路器	（1）相过电流保护试验； （2）零序保护试验； （3）一次重合闸试验； （4）二次重合闸试验； （5）二次重合闸闭锁试验； （6）逻辑复归试验
		电压型负荷开关	（1）有压合闸试验； （2）无压分闸试验； （3）闭锁合闸试验； （4）闭锁分闸试验； （5）逻辑复归试验
		电流型负荷开关	（1）相过电流保护试验； （2）零序保护试验； （3）相过电流闭锁保护试验； （4）逻辑复归试验
3	二次安防	断路器、负荷开关	详见后述内容

1.“三遥”功能联调

成套开关的三遥功能联调是指在开关安装之前，在仓库或其他适宜的地方对自动化开关及其终端进行“三遥”功能的调试，包括遥信、遥测和遥控试验，以检查开关及其终端的功能正确性。

建议按照以下顺序进行调试。

（1）调试前必备条件。在进行“三遥”联调前，应确保满足以下工作条件。

1）确保已具备终端通信卡和终端 ID 号，终端通信卡包括 IP、SIM 卡号、电话号码等信息。

2）配电自动化主站已具备完备的图模信息。

3）配电自动化主站已录入相应开关的信息点表。

4）调试现场无线信号强度良好，满足通信要求。

5）具备安全可靠的独立试验电源，具备继电保护测试仪、绝缘电阻表、钳表等仪器仪表，其准确度等级及技术特性应符合要求，且必须经过检验合格。

（2）终端参数设置。在开始联调之前，应先设置好包括但不限于以下参数。

1）设置终端的 ID 号和端口号，确保与主站一致。

2）设置终端的通信参数，检查通信卡的 IP 地址与主站是否一致。

3）设置终端的信息点表，确保与主站一致。

4）设置终端的保护定值，负荷开关包括有压延时合闸时限、无压分闸时限以及闭锁复归等定值；断路器包括速断、过电流、零序定值，以及一、二次重合闸时限等定值，确保与运行部门出具的定值单一致。

（3）现场设备连接。在试验时，应模拟现场实际安装情况，把自动化开关、TV 与终端通过二次电缆进行连接。配电自动化终端在设置好参数后与主站进行通信连接，并进行对时，确保终端时钟与主站一致。

（4）蓄电池功能试验。应对终端所配的蓄电池进行以下检查。

1）检查电池标称容量是否符合技术条件书要求，查看蓄电池外观是否有鼓胀。

2）切除终端交流电源，查看蓄电池是否可以保证装置正常运行。

3）切除终端交流电源，蓄电池应能够正常遥控分合开关 3 次（分、合为一次）。

4）交、直流切换不影响终端正常运行。

5）测试“电池欠压”“电池活化”等功能，核对“电池告警”遥信信号是否能正确上传到主站。

（5）遥测功能试验。

1）检查开关说明书，核对开关的 TA 变比、精度、容量是否与技术条件书的要求一致。

2）核对 TV 的变比、精度是否与技术条件书的要求一致。

3）通过大电流发生器或者三相继保仪在开关一次侧对内置 TA 进行升流试验，测试 TA 安装是否正常，变比、二次接线是否正确，检查现场输入的一次电流值是否与终端检测到的电流值一致，误差在合格范围内。

4）如开关内部无独立零序 TA，零序电流为三相合成，则需要进行三相不平衡测试。具体为在开关一次侧 A、B、C 三相加相同大小、角度互差 120° 的电流，检查是否存在零序电流。

5）在 TV 一次侧进行升压试验，测试 TV 变比、二次接线是否正确，查看现场输入的一次电压值是否与终端检测到的电压值一致，误差在合格范围内。

6）根据遥测信息点表，对其他信号进行逐一测试。

（6）遥信功能试验。

1）通过终端对开关进行分、合闸操作，终端应能正确反映开关分闸、合闸及开关储能信号并能及时上传到主站。

2）状态量变位后，主站应能收到终端产生的事件顺序记录（SOE）。

3）切断装置交流电源，测试交流失压信号是否可以传输到主站。

4）通过插拔终端板件等方法，测试装置总告警信号是否可以传输到主站。

5）根据遥信信息点表，对其他信号进行逐一测试。

（7）遥控功能试验。

1）遥控试验之前应检查主站图模信息是否与现场完全一致。

2）终端具备三遥功能的情况下，终端“远方/就地”旋钮位于“就地”位置，在终端本体进行分/合闸操作，开关应正确执行分闸/合闸，此时若主站下发分/合闸命令，开关不应动作。终端“远方/就地”旋钮位于“远方”位置，在主站进行分/合闸操作，开关应正确执行分闸/合闸，若此时在终端处进行分/合闸，开关不应动作。

3）测试终端的远方/就地的闭锁逻辑能否满足要求，逻辑见表 2－16。

表 2－16　远方/就地的闭锁逻辑表

FTU	主站系统远方遥控操作	终端遥控操作	手动操作开关
远方	√	×	√
就地	×	√	√

2. 逻辑功能

（1）柱上自动化断路器逻辑功能试验。

柱上自动化断路器逻辑功能试验包括相过流保护功能测试、零序保护功能测试，一、二次重合闸功能测试及二次重合闸闭锁及复归测试。具体测试步骤见表 2－17。

表 2-17　　　柱上自动化断路器逻辑功能试验测试步骤

一、相过流保护功能测试	
序号	测　试　内　容
1	通过 FTU 终端维护软件，设置过电流保护定值和动作时限，确认终端已投入相过电流保护功能、被试开关在合闸状态
2	加入 1.05 倍设定的相电流定值，模拟发生相过流故障
3	核对终端有对应的故障指示，核对主站收到相应故障信息报文
4	保护动作，开关延时分闸，开关全断口时间少于设定延时+100ms
5	恢复终端正常运行，确认被试开关在合闸状态
6	加入 0.95 倍定值，模拟发生相过流故障
7	终端不动作，开关保持合闸状态
8	核对终端应无对应的故障指示，核对模拟主站软件没有相应故障信息报文
9	恢复终端正常运行状态
10	退出保护功能
11	加入 1.05 倍定值，模拟发生相过流故障
12	终端不动作，开关保持合闸状态
13	核对终端应无对应的故障指示，核对主站没有相应故障信息报文
14	恢复终端正常运行状态
二、零序电流保护功能测试	
序号	测　试　内　容
1	通过 FTU 终端维护软件，设置零序过电流保护定值和动作时限，确认终端已投入零序电流保护功能、被试开关在合闸状态
2	加入 1.05 倍设定的零序电流定值，模拟发生接地故障
3	终端动作，开关延时分闸，开关全断口时间小于设定延时+100ms
4	核对终端应有对应的故障指示，核对主站收到相应故障信息报文
5	恢复终端正常运行，确认被试开关在合闸状态
6	加入 0.95 倍定值，模拟发生接地故障
7	终端不动作，开关保持合闸状态
8	核对终端应无对应的故障指示，核对主站没有相应故障信息报文；退出保护功能
9	加入 1.05 倍定值，模拟发生接地故障
10	恢复终端正常运行状态
11	退出保护功能
12	加入 1.05 倍定值，模拟发生接地短路故障
13	终端不动作，开关保持合闸状态
14	核对终端应无对应的故障指示，核对主站没有相应故障信息报文

序号	测 试 内 容
15	恢复终端正常运行状态

三、一次重合闸功能测试

序号	测 试 内 容
1	通过 FTU 终端维护软件，设置过电流保护、零序保护定值和动作时限；确认终端已投入过电流保护功能、零序保护功能，且被试开关在合闸状态
2	投入重合闸功能，设定重合闸延时
3	加入 1.05 倍定值，设定故障时间为大于保护动作时限小于重合闸动作时间，模拟发生瞬时接地或短路故障
4	保护动作，开关分闸，重合闸动作，开关延时后重合
5	核对终端有对应的故障指示，核对主站收到相应故障信息报文
6	退出重合闸功能
7	加入 1.05 倍定值，设定故障时间为大于保护动作时限小于重合闸动作时间，模拟发生接地或短路故障
8	观察终端应有对应的故障指示，观察模拟主站软件收到相应故障信息报文
9	退出重合闸功能
10	加入 1.05 倍定值，设定故障时间为大于保护动作时限小于重合闸动作时间，模拟发生接地或短路故障
11	保护动作，开关分闸，重合闸不动作
12	核对终端有对应的故障指示，核对主站收到相应故障信息报文
13	恢复终端正常运行状态

四、二次重合闸功能测试

序号	测 试 内 容
1	通过 FTU 终端维护软件，设置过电流保护、零序保护定值和动作时限，确认终端已投入过电流保护功能、零序保护功能，且被试开关在合闸状态
2	投入重合闸功能，并设定一次、二次重合闸延时
3	加入 1.05 倍定值，并设定故障状态，使开关因故障进行分—合—分—合—分（闭锁），模拟发生永久接地、过流或短路故障
4	首次故障，终端动作，开关延时分闸，故障电流消失，开关进行一次重合闸，开关合闸；第二次检测到故障电流，终端动作，开关延时分闸，故障电流消失，开关进行二次重合闸，开关合闸；第三次检测到故障电流，终端动作，开关延时分闸，并闭锁合闸
5	核对终端有对应的故障指示，核对主站收到相应故障信息报文
6	退出重合闸功能
7	加入 1.05 倍定值，设定故障时间为大于保护动作时限小于重合闸动作时间，模拟发生接地故障或短路故障
8	保护动作，开关分闸，重合闸不动作
9	核对终端有对应的故障指示，核对主站收到相应故障信息报文

五、闭锁二次重合闸功能测试	
序号	测 试 内 容
1	通过 FTU 终端维护软件，设置过电流保护、零序保护定值和动作时限，确认终端已投入过电流保护功能、零序保护功能，且被试开关在合闸状态
2	投入重合闸功能，设定一、二次重合闸延时
3	加入 1.05 倍定值，并设定故障状态，使开关因故障进行分一合后，3s 内有故障，开关分闸并闭锁，模拟发生永久接地、过流或短路故障
4	首次故障，终端动作，开关延时分闸，故障电流消失，开关进行一次重合闸，开关合闸；开关分闸后 3s 内第二次检测到故障电流，终端动作，开关延时分闸，并闭锁合闸；开关全断口时间少于设定延时+100ms
5	核对终端有对应的故障指示，核对主站收到相应故障信息报文
六、逻辑复归功能测试	
序号	测 试 内 容
1	通过 FTU 终端维护软件，设置过电流保护、零序保护定值和动作时限，确认终端已投入过电流保护、零序保护功能，且被试开关在合闸状态
2	投入重合闸功能，并设定一次、二次重合闸延时，逻辑复归时间 T
3	加入 1.05 倍定值，并设定故障状态，使开关因故障进行分—合—分—合—分，模拟发生瞬时接地、相过流或短路故障
4	首次故障，终端动作，开关延时分闸，故障电流消失，开关进行一次重合闸，开关合闸；第二次检测到故障电流，终端动作，开关延时分闸，故障电流消失，开关进行二次重合闸；开关合闸后，经过时间 T，再次检测到故障电流，终端动作，开关延时分闸，并经过一次重合闸设定时间后，开关合闸
5	核对终端有对应的故障指示，核对主站收到相应故障信息报文

（2）柱上电压时间型负荷开关逻辑功能测试见表 2－18。

表 2－18　　柱上电压时间型负荷开关逻辑功能测试表

序号	测 试 内 容
1	通过 FTU 终端维护软件，设置失压分闸延时、有压合闸延时、合入故障延时（x 延时）和复归时间（z）
2	投入保护功能，终端正常运行，确认被试开关在合闸状态
3	模拟上级断路器跳闸，开关失压分闸，检查失压分闸延时与设定是否一致
4	模拟上级断路器合闸后，开关有压延时合闸，检查有压合闸延时与设定是否一致
5	开关合闸后，同时加入模拟故障电流，在 x 延时内，上级断路器跳闸，开关失压分闸且闭锁合闸，主站接收到开关相应的故障信息及开关的动作情况与现场一致
6	开关失压分闸且闭锁合闸后，模拟上级断路器重合，开关有压但不合闸

续表

序号	测试内容
7	重复上述前四点，开关合闸后，在 x 延时后，同时加入模拟故障电流，上级断路器跳闸，开关失压但处于合闸状态，且闭锁分闸，持续失压 2min 后，开关分闸，主站接收到开关相应的故障信息和开关的动作情况与现场一致
8	设定复归时间为 3min，重复上述逻辑至第 8 点，开关闭锁分闸，持续失压 2min 后，开关分闸，再经过 3min，重新让开关有压，如开关延时合闸，则逻辑复归功能生效

（3）柱上电流型负荷开关逻辑功能测试，见表 2－19。

表 2－19　　柱上电流型负荷开关逻辑功能测试表

一、相过电流保护功能测试	
序号	测试内容
1	通过 FTU 终端维护软件，设置过电流保护定值和动作时限，确认终端已投入相过流保护功能、被试开关在合闸状态
2	加入 1.05 倍设定的相电流定值，模拟发生相过流故障
3	核对终端有对应的故障指示，核对主站收到相应故障信息报文
4	保护动作，开关延时分闸，开关全断口时间少于设定延时+100ms
5	恢复终端正常运行，确认被试开关在合闸状态
6	加入 0.95 倍定值，模拟发生相过流故障
7	终端不动作，开关保持合闸状态
8	核对终端应无对应的故障指示，核对模拟主站软件没有相应故障信息报文
9	恢复终端正常运行状态
10	退出保护功能
11	加入 1.05 倍定值，模拟发生相过流故障
12	终端不动作，开关保持合闸状态
13	核对终端应无对应的故障指示，核对主站没有相应故障信息报文
14	恢复终端正常运行状态
二、零序电流保护功能测试	
序号	测试内容
1	通过 FTU 终端维护软件，设置零序过电流保护定值和动作时限，确认终端已投入零序电流保护功能、被试开关在合闸状态
2	加入 1.05 倍设定的零序电流定值，模拟发生接地故障
3	终端动作，开关延时分闸，开关全断口时间小于设定延时+100ms
4	核对终端应有对应的故障指示，核对主站收到相应故障信息报文
5	恢复终端正常运行，确认被试开关在合闸状态
6	加入 0.95 倍定值，模拟发生接地故障

序号	测　试　内　容
7	终端不动作，开关保持合闸状态
8	核对终端应无对应的故障指示，核对主站没有相应故障信息报文退出保护功能
9	加入 1.05 倍定值，模拟发生接地故障
10	恢复终端正常运行状态
11	退出保护功能
12	加入 1.05 倍定值，模拟发生接地短路故障
13	终端不动作，开关保持合闸状态
14	核对终端应无对应的故障指示，核对主站没有相应故障信息报文
15	恢复终端正常运行状态
三、电流闭锁保护及逻辑复归功能测试	
序号	测　试　内　容
1	通过 FTU 终端维护软件，设置过电流保护定值和动作时限、电流闭锁定值；确认终端已投入过电流保护功能、被试开关在合闸状态
2	加电流闭锁值，模拟发生过流故障
3	保护不动作，开关保持合闸状态，闭锁灯亮
4	核对终端有对应的故障指示，核对主站收到相应故障信息报文
5	故障消失后 3min，终端对应的故障指示灯仍亮
6	加 1.05 倍的相电流定值，模拟发生相过流故障
7	保护动作，开关延时分闸，开关全断口时间少于设定延时+100ms，开关不重合
8	核对终端有对应的故障指示，核对主站收到相应故障信息报文
9	恢复终端正常运行状态

对于不具备通信功能的终端，除了无须设置与主站通信的相关参数外，也可以参照上文进行就地“三遥”功能和逻辑功能的试验。

对于已经安装的成套柱上开关设备进行停电或带电试验时，也可以参照上文的交接试验内容进行，具备条件的应与主站进行“三遥”联调，不具备条件的应进行就地“三遥”调试，以及逻辑功能试验。在此不再赘述。

3. 安全防护

（1）总体要求。配电自动化系统安全防护要求应严格按照《中华人民共和国网络安全法》、《电力监控系统安全防护规定》（国家发展和改革委员会令 2014 年第 14 号）、《关于印发电力监控系统安全防护总体方案等安全防护方案和评估规范的通知》（国能安全〔2015〕36 号）及《国家电网公司关于进一步加强配电自动化系统安全防护工作的通知》（国家电网运检〔2016〕576 号）、《国网运检部关于做好“十三五”配电自动化建设应用工作的通知》（运检三〔2017〕6号）等对配电自动化系统安全防护要求的规定，参照“安全分区、网络专用、横向隔离、纵向认证”的原则，要求执行。

（2）安全风险。配电自动化终端安装环境开放，容易非法侵入；配电自动化终端数量众、分布广，存在由于整改不到位导致弱口令、无用端口未关闭等管理责任风险。

（3）安全防护措施。为保障配电主站与配电终端交互安全，采用如下措施进行安全防护。

1）配电终端严格禁用 FTP、TELNET、Web 访问等服务。

2）加强配电终端密码管理，终端口令长度不低于 8 位，要求有数字、字母和符号组合。

3）接入生产控制大区采集应用部分的 DTU 终端和无线三遥终端，通过内嵌一颗安全芯片，实现通信链路保护、双重身份认证、数据加密。

a. 内嵌支持国产商用密码算法的安全芯片，采用国产商用非密码算法在配电终端和配电安全接入网关之间建立 APN 专用通道，实现配电终端与配电安全接入网关的双向身份认证，保证链路通信安全。

b. 利用内嵌的安全芯片，实现配电终端与配电主站之间基于国产非对称密码算法的双向身份鉴别，对来源于主站系统的控制命令、远程参数设置采取安全鉴别和数据完整性验证措施。

c. 配电终端与主站之间的业务数据采用基于国产对称密码算法的加密措施，确保数据的保密性和完整性。

d. 对存量配电终端进行升级改造，通过在配电终端外串接内嵌安全芯片的配电加密盒，满足上述（1）和（2）条的安全防护强度要求。

4）现场运维终端包括现场运维手持设备和现场配置等设备，必须采用经认定的专用工具。现场运维终端仅可通过串口对配电终端进行现护，且采用严格的访问控制措施；终端采用基于非对称密码算法的单向身份认证技术，实现对现场运维的身份鉴别，并通过对称密钥保证传输数据的完整性。

5）配电终端设备应具物理安全防护措施，DTU 终端设备应配备机械锁。

具体配电自动化终端安全防护检查对照见表 2－20 执行。

表 2－20　　配电自动化终端安全防护检查对照表

序号	对照检查内容
1	检查现场设备锁具是否齐备、完好（罩式终端可不用锁具）
2	现场查看终端型号信息，具有国家及公司认可的检测机构出具的安全检测报告
3	现场查看配置加密模块

序号	对照检查内容
4	终端登录密码、IP 地址不可粘贴在设备明显位置（如粘在或写在柜门上或存在外泄风险）
5	对配电自动化终端嵌入式系统进行漏洞扫描，检查是否存在安全风险和漏洞
6	检查登录/调试密码为强口令（口令长度不得小于 8 位，且为字母、数字或特殊字符的混合组合，用户名和口令不得相同）
7	检查登录/调试密码不得为厂商通用密码，每套成套设备密码均不相同
8	每套成套设备密码应由运维方唯一掌握
9	现场查看终端无用网络端口应封闭
10	现场查看无用调试端口应封闭
11	对现场运维第三方计算机接入与 U 盘使用，是否采取有效技术保护与管理措施，如有请说明。分析被核查的系统是否通信协议未加密认证，是否面临重放攻击。如何防范控制指令被伪造或防止病毒“摆渡”攻击
12	与厂商调试人员是否签订密码保护协议
13	外部合作单位是否与公司签订保密协议和保密承诺书
14	新入职员工、岗位调整人员应已完成信息安全岗位培训

2.1.3 验收

1. 功能验收

柱上自动化开关及其终端功能验收参照第 3 节的“三遥”联调及逻辑功能试验进行。

2. 安装验收

（1）终端验收。

1）终端外观检查。

a. 根据设计图纸，核对终端箱体安装位置是否与设计图纸一致，终端应具备生产厂家出厂前的测试报告和出厂合格证。

b. 检查终端在显著位置是否设置蚀刻不锈钢铭牌，标示内容包含名称（FTU）、型号、产品编号、制造日期及制造厂家名称、装置电源、操作电源、额定电压、TA 变比等。

c. 箱体密封良好，箱体应有足够的支撑强度，箱门开关顺畅不卡涩；箱体无明显的凹凸痕、划伤、裂缝、毛刺、锈蚀等，喷涂层不应脱落。

d. 应对终端进行标识，内容应包含终端安装地址（杆塔号）、终端 ID、终端 IP 等信息，标签纸张贴于箱内侧明显位置。

e. 电源回路、电流回路、控制回路二次电缆无划伤、裂缝等，能承受一定的弯度，航空插头能完好连接。

2）终端结构验收。

a. 箱体内的设备、元器件安装应牢靠、整齐、层次分明。

b. 箱体内的设备电源应相互独立，装置电源、控制电源、通信电源应由独立的空气开关控制，采用专用直流、交流空开。

c. 终端的各模块插件与主板总线接触良好，插拔方便。

3）终端安装验收。

a. 终端箱体应有足够的支撑强度，外观工整，安装工艺符合施工标准的要求并方便维护。

b. 终端安装高度应按设计图纸进行，建议安装高度为离地面 3 m 以上，5 m 以下且与一次设备（包括 TV、开关）及线路距离大于 1 m，不能高于或平行 TV 及开关。

c. 终端必须有两个及以上的固定点，横平竖直安装，防止终端进水。

4）终端外部接线验收。

a. 终端电源回路二次电缆来自 TV 电源侧、负荷侧的二次接线盒，终端电流回路、控制回路等二次电缆来自开关本体，要求所有二次电缆外部接线完整、无破损，与开关、TV 连接位置正确、牢固，接线整齐、美观。

b. 终端冗余的二次线缆应顺线盘留在箱体下方，并做好固定。

c. 检查终端箱防水胶条是否完好，检查线缆入口应使用防鼠泥进行封堵，确认终端及二次电缆能防水、防小动物破坏。

5）终端内部接线验收。

a. 要求现场二次接线与设计图纸相符，二次接线应排列整齐，避免交叉，固定牢靠；电缆排列应整齐、有序，线缆挂牌齐备。

b. 电流回路接线正确，导线截面积不小于 2.5mm^2，确认 TA 回路端子没有开路，TA 回路在控制器前端不存在短路；电压、控制回路接线正确，导线截面积不小于 1.5mm^2，确认 TV 回路端子没有短路。

c. 不同截面的电缆芯，不允许接入同一端子，同一端子接线不宜超过两根。接线套管的粗细、长短应一致且字迹清晰，应采用打印。

d. 检查终端活动的内外侧门是否有接地线连接，要求内外侧门之间的接地线牢固连接，接地线的线径不小于 6mm^2。终端接地须牢固可靠，从终端接地端子到杆塔接地线，接地螺栓线径不小于 25mm^2。

（2）柱上开关及其附属设备接线验收。

1）柱上开关验收。

a. 开关外形结构完好，无损坏，开关一次接线应牢固、可靠，接地端子需连接至主接地网，接地线截面积不小于 25mm^2。

b. 开关安装位置有足够的支撑强度且符合安全距离要求，安装位置不宜太高，且方便运维人员进行维护，开关尽量安装在能方便观察开关状态的位置。

c. 开关的一次接线 A、B、C 三相对应正确，开关一次侧引线不允许交叉。

2）TV 及接线验收。

a. TV 本体外形结构完好，TV 表面光滑，无裂纹、无断裂。

b. 检查 TV 一次高压连接导线是否采用截面积≥25mm^2的铜线，应连接在隔离刀闸内侧，连接处应采用带电接线环安装。TV 一次接线应牢固、可靠，与 TV 接线柱连接处应采用线耳压接，以免损坏 TV 的高压端子。

c. 按照施工图要求安装，电源侧、负荷侧 TV，TV 一次侧引线不允许交叉。

d. TV 二次侧绕组数量及接线情况需根据设计图、TV 内部接线图来确定。

e. 检查连接到 TV 的二次电缆剥去防护层的部分是否完全插入到二次盒内，并用胶套固定，用玻璃胶封堵，确保 TV 二次电缆不浸水。

2.2 配电线路故障指示器

2.2.1 试验

1. 概述

配电线路故障指示器（以下简称故障指示器），是一种安装在配电架空线路上，用于检测线路短路故障和单相接地故障，并发出报警信息的装置。在应用到现场前，应与配电自动化主站进行联调及相关功能、性能等试验，确保其安装投运后的实用性。联调试验内容见表 2－21。

表 2－21　　故障指示器联调试验内容

联调试验项目	仪器仪表	试验内容
外观与结构检查	电子秤	（1）采集单元外观与结构检查； （2）汇集单元外观与结构检查
绝缘性能试验	（1）250V 绝缘电阻表； （2）温湿度计	绝缘电阻试验
功能试验	（1）继电保护测试仪； （2）试验测试线（绝缘导线、接地线等）； （3）钳形电流表； （4）笔记本计算机； （5）厂家配套专用调试工具； （6）工具箱； （7）温湿度计	（1）短路故障报警及复归功能试验； （2）接地故障报警及复归功能试验； （3）负荷波动防误报警功能； （4）人工投切大负荷防误报警功能； （5）线路突合负载涌流防误报警功能； （6）非故障相重合闸涌流防误报警功能

续表

联调试验项目	仪器仪表	试验内容
性能试验	（1）继电保护测试仪； （2）试验测试线（绝缘导线、接地线等）； （3）钳形电流表； （4）笔记本计算机； （5）厂家配套专用调试工具； （6）工具箱； （7）温湿度计	（1）短路故障报警启动误差； （2）最小可识别短路故障电流持续时间； （3）负荷电流误差； （4）复位时间
邻近抗干扰试验	（1）继电保护测试仪； （2）试验测试线（绝缘导线、接地线等）； （3）笔记本计算机； （4）厂家配套专用调试工具； （5）工具箱； （6）温湿度计	（1）相邻线路故障，不影响本线路误报； （2）本线路故障，不受相邻线路影响导致漏报
电源及功率消耗试验	（1）万用表； （2）工具箱； （3）温湿度计	（1）最小工作电流； （2）汇集单元额定工作电压； （3）采集单元静态功耗； （4）汇集单元整机正常运行功耗

2. 试验安全技术要求

（1）对安全工器具的要求。

1）服装、绝缘鞋。试验人员应穿着长袖棉质工作服和绝缘鞋。

2）接地线。试验装置的金属外壳必须可靠接地。接地线应使用多股裸铜线或带透明绝缘层的铜质软绞线，其截面积应能满足试验要求，并不得小于 $4mm^2$。接地线与接地体应连接牢固，并接触良好，严禁缠绕。严禁在低压回路的中性线或水管上接地。

（2）试验前准备工作。

1）设备检查。检查继电保护测试仪外观是否完好，液晶显示是否正常，是否经过检定、校核。

2）接线检查。检查试验设备和试品的情况，是否符合试验要求，检查试验接线是否正确。

（3）试验过程。操作人应在工作负责人许可后，一手按下继电保护测试仪的启动按钮，一手放在停止按钮上，操作人应随时警惕异常情况的发生，一旦发生异常应迅速按下停止按钮。

（4）试验危险点。安装采集单元时，应防止被回弹的压线弹簧夹伤。

3. 外观与结构检查

（1）试验目的及要求。对故障指示器进行外观与结构的检查，具体检查要求如下。

1）每套（只）故障指示器都应设有持久明晰的铭牌，应包含型号及名称、制造厂名、出厂编号、制造年月、二维码信息。

2）采集单元上应具有圆形（ϕ25mm）相序颜色标识，安装对线路潮流方向有要求的采集单元应在外壳以“→”标识方向，如架空暂态录波型远传故障指示器。

3）应具备唯一硬件版本号、软件版本号、类型标识代码、ID 号标识代码和二维码。

4）采集单元质量不大于 1kg，架空导线悬挂安装的汇集单元质量不大于 1.5kg。

5）架空暂态录波型远传故障指示器的采集单元采用闪光形式报警，架空暂态特征型远传故障指示器、架空外施信号型远传故障指示器应采用翻牌和闪光形式指示报警。指示灯应采用不少于 3 只红色高亮 LED 发光二极管，布置在采集单元正常安装位置的下方，地面 360°可见。内部报警转体颜色应采用 RAL3020 交通红。

6）采集单元应有电源、电池正负极等外接端子。汇集单元应有 SIM 卡槽。

7）卡线结构应在不同截面线缆上安装方便可靠，安装牢固且不造成线缆损伤，支持带电安装拆除。结构件经 50 次装卸应到位且不变形，不影响故障检测性能。

8）外观应整洁美观、无损伤或机械形变，内部元器件、部件固定应牢固，封装材料应饱满、牢固、光亮、无流痕、无气泡。

9）汇集单元应具备至少 1 个串行口，应在 60s 内向配电自动化主站发出故障信息。

10）汇集单元橡胶压条应柔软。

（2）试验方法及步骤。

1）查看故障指示器都设有持久明晰的铭牌，包含型号及名称、制造厂名、出厂编号、制造年月、二维码信息。

2）查看采集单元上是否具有圆形（ϕ25mm）相序颜色标识。针对架空暂态录波型远传故障指示器，还应查看采集单元是否在外壳以“→”标识方向。

3）查看是否具备唯一硬件版本号、软件版本号、类型标识代码、ID 号标识代码和二维码。

4）使用电子秤测量采集单元质量是否大于 1kg，架空导线悬挂安装的汇集单元质量是否大于 1.5kg。

5）查看架空暂态录波型远传故障指示器的采集单元是否采用闪光形式报警，查看架空暂态特征型远传故障指示器、架空外施信号型远传故障指示器是否采用翻牌和闪光形式指示报警。指示灯数量不少于 3 只红色高亮 LED 发光二极管，布置在采集单元正常安装位置的下方，地面 360°可见。内部报警转体颜色是否采用 RAL3020 交通红。

6）查看采集单元是否有电源、电池正负极等外接端子。汇集单元是否有 SIM 卡槽。

7）查看卡线结构应在不同截面线缆上安装方便可靠，安装牢固且不造成线缆损伤，查看是否具备带电安装拆除结构。结构件经 50 次装卸应到位且不变形，不影响故障检测性能。

8）查看外观是否整洁美观、无损伤或机械形变，内部元器件、部件固定应牢固，封装材料应饱满、牢固、光亮、无流痕、无气泡。

9）查看汇集单元是否具备至少 1 个串行口。

10）摁压汇集单元橡胶压条，应感觉柔软。

4. 绝缘性能试验

（1）试验目的及要求。故障指示器电杆固定安装汇集单元电源回路与外壳之间绝缘电阻≥5MΩ。

（2）试验方法及步骤。使用 250V 绝缘电阻表，额定绝缘电压 U_i≤60V 进行绝缘电阻测量。

5. 功能试验

（1）短路故障报警及复位功能试验。

1）试验目的及要求。

针对架空暂态特征型远传故障指示器、架空外施信号型远传故障指示器：

a. 应自适应负荷电流大小，当检测到线路电流突变，突变电流持续一段时间后，各相电场强度大幅下降，且残余电流不超过 5A 零漂值，应能就地采集故障信息，就地指示故障，且能将故障信息上传至配电自动化主站。

b. 采集单元采用翻牌和闪光形式指示报警。

c. 应能识别重合闸间隔为 0.2s 的瞬时性故障，并正确动作。

d. 应能在规定时间或线路恢复正常供电后自动复位，也可根据故障性质（瞬时性和永久性）自动选择复位方式。

针对架空暂态录波型远传故障指示器：

a. 应自适应负荷电流大小，当检测到电流突变且突变启动值宜不低于 150A，突变电流持续一段时间后，各相电场强度大幅下降，且残余电流不超过 5A 零漂值，应能就地采集故障信息，以闪光形式就地指示故障，且能将故障信息上传至配电自动化主站。

b. 识别重合闸间隔为不小于 0.2s 的瞬时性和永久性短路故障，并正确动作。

c. 线路永久性故障恢复后上电自动延时复位，瞬时性故障后按设定时间复位或执行配电自动化主站远程复位。

2）试验方法及步骤。

a. 在正常环境温度下，用导线绕成一个 20 匝的升流线圈作为电流回路，与继电保护测试仪三相电流输出相连。同时，将故障指示器的采集单元接入该电流回路中，如图 2－5 所示。

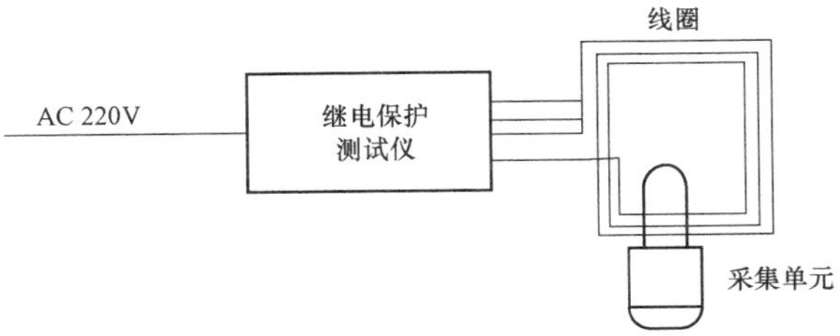

图 2－5　模拟回路接线图

b. 在继电保护测试仪上设定状态序列，即设定各电流状态和持续时间。

c. 控制继电保护测试仪三相输出同相位小电流，依据设定的状态序列发生变化，模拟线路运行情况，使挂在升流线圈上的故障指示器感应到大电流的输出变化，观察故障指示器是否正确动作。

d. 现场观察采集单元动作报警情况。

e. 与配电自动化主站核对故障指示器上传的故障信息。

（2）接地故障报警及复位功能试验。

1）试验目的及要求。当线路发生接地故障时，故障指示器应能以外施信号检测法、暂态特征检测法、稳态特征检测法等方式检测接地故障。

针对架空暂态特征型远传故障指示器、架空外施信号型远传故障指示器：

a. 架空暂态特征型远传故障指示器、架空外施信号型远传故障指示器的采集单元采用翻牌和闪光形式指示报警。

b. 汇集单元应能接收采集单元上送的故障信息，同时能将故障信息上传给配电自动化主站。

c. 当配电线路发生接地故障时，架空暂态特征型远传故障指示器可通过暂态特征检测法检测接地故障，定位故障区段；架空外施信号型远传故障指示器，可通过外施信号法检测接地故障，定位故障区段。

针对架空暂态录波型远传故障指示器：

a. 当架空暂态录波型远传故障指示器不能判断出接地故障处于安装位置的上游和下游时，采集单元应能就地采集故障信息和波形，且能将故障信息和波形传至配电自动化主站进行判断，同时汇集单元能接收配电自动化主站下发的故障数据信息，采集单元以闪光形式指示故障；当架空暂态录波型远传故障指示器能判断出接地故障处于安装位置的上游和下游时，采集单元应能接地采集故障信息和波形，以闪光形式指示故障，且能将故障信息和波形上传至配电自动化主站。

b. 架空暂态录波型远传故障指示器的采集单元应能实现三相同步录波，并上送至汇集单元合成零序电流波形，用于判断故障。

c. 录波范围应不少于启动前 4 个周波、启动后 8 个周波，每周波不少于 80 个采样点，录波数据循环缓存。

d. 汇集单元应能将 3 只采集单元上送的故障信息、波形，合成为一个波形文件并标注时间参数上送给配电自动化主站，时标误差小于 100μs。

e. 录波启动条件可包括电流突变、相电场强度突变等，应实现同组触发、阈值可设。

f. 录波数据可响应配电自动化主站发起的召测，上送配电自动化主站的录波数据应符合 Comtrade 1999 标准的文件格式要求，且只采用 CFG 和 DAT 两个文件，并且采用二进制格式。

g. 应能在规定时间或线路恢复正常供电后自动复位，也可根据故障性质（瞬时性和永久性）自动选择复位方式。

2）试验方法及步骤。主要方法有两种，一是采用现场录取得接地波形，在实验室采用功率放大器放大波形后输出；二是采用数字/动模/混合仿真系统，如 RTDS、RTLAB、动模仿真系统模拟实际接地故障后输出接地故障波形。

（3）负荷波动防误报警功能。

1）试验目的及要求。在线路电流非故障波动时，故障指示器不应误报警。

2）试验方法及步骤。

a. 在正常环境温度下，用导线绕成一个 20 匝的升流线圈作为电流回路，与继电保护测试仪三相电流输出相连。同时，将故障指示器的采集单元接入该电流回路中，如图 2－5 所示。

b. 控制继电保护测试仪输出模拟正常负荷电流及负荷波动电流。

c. 现场观察采集单元动作报警情况。

d. 确认采集单元未发生误报警情况。

（4）人工投切大负荷防误报警功能。

1）试验目的及要求。

a. 线路中的电流值变化超过故障指示器设定的故障电流报警动作值。

b. 线路中的电流值在大于故障指示器规定的最长动作延时后，下降为 0，故障指示器不应误报警。

2）试验方法及步骤。

a. 在正常环境温度下，用导线绕成一个 20 匝的升流线圈作为电流回路，与继电保护测试仪三相电流输出相连。同时，将故障指示器的采集单元接入该电流回路中，如图 2－5 所示。

b. 控制继电保护测试仪输出模拟正常负荷电流及大负荷投切电流。

c. 现场观察采集单元动作报警情况。

d. 确认采集单元未发生误报警情况。

（5）线路突合负载涌流防误报警功能。

1）试验目的及要求。在线路进行送电合闸（或重合闸）时，故障指示器应能躲过冲击电流，且不误报警。

2）试验方法及步骤。

a. 在正常环境温度下，用导线绕成一个 20 匝的升流线圈作为电流回路，与继电保护测试仪三相电流输出相连。同时，将故障指示器的采集单元接入该电流回路中，如图 2－5 所示。

b. 控制继电保护测试仪输出模拟线路突合负载涌流。

c. 现场观察采集单元动作报警情况。

d. 确认采集单元未发生误报警情况。

（6）非故障相重合闸涌流防误报警功能。

1）试验目的及要求。

a. 在线路进行送电合闸（或重合闸）时，故障指示器应能躲过冲击电流，且不误报警。

b. 非故障分支上安装的故障指示器经受 0.2s 重合闸间隔停电后，在感受到重合闸涌流后不应误动作。

2）试验方法及步骤。

a. 在正常环境温度下，用导线绕成一个 20 匝的升流线圈作为电流回路，与继电保护测试仪三相电流输出相连。同时，将故障指示器的采集单元接入该电流回路中，如图 2－5 所示。

b. 控制继电保护测试仪输出模拟正常负荷电流及非故障相重合闸涌流。

c. 现场观察采集单元动作报警情况。

d. 确认采集单元未发生误报警情况。

6. 性能试验

（1）试验目的及要求。

针对架空暂态特征型远传故障指示器、架空外施信号型远传故障指示器：

a. 短路故障报警启动误差不应大于±10%。

b. 最小可识别短路故障电流持续时间应不大于 40ms。

c. 低电量报警电压允许误差不大于 2%。

d. 当线路负荷电流小于 100A 时，故障指示器负荷电流遥测误差不应大于±3A。

e. 当线路负荷电流介于 100A（含 100A）与 600A 之间时，故障指示器负荷电流遥测误差不应大于±3%。

f. 上电自动复位时间小于 5min。定时复位时间可设定，设定范围小于 48h，最小分辨率为 1min，定时复位时间允许误差不大于±1%。

g. 短路故障识别正确率应达到 100%。

h. 金属性接地故障识别正确率应达到 100%；小电阻接地故障识别正确率应达到 100%；弧光接地应达到 80%；高阻接地（800Ω 以下）应达到 70%。

针对架空暂态录波型远传故障指示器：

a. 短路故障报警启动误差不应大于±10%。

b. 最小可识别短路故障电流持续时间应不大于 40ms。

c. 当线路负荷电流小于 300A 时，故障指示器负荷电流遥测误差不应大于±3A。

d. 当线路负荷电流介于 300A（含 300A）与 600A 之间时，故障指示器负荷电流遥测误差不应大于±1%。

e. 上电自动复位时间小于 5min。定时复位时间可设定，设定范围小于 48h，最小分辨率为 1min，定时复位时间允许误差不大于±1%。

f. 故障录波暂态性能中最大峰值瞬时误差应不大于 10%。

g. 故障发生时间和录波启动时间的时间偏差不大于 20ms。

h. 每组采集单元三相同步误差不大于 100μs。

i. 短路故障识别正确率应达到 100%。

j. 金属性接地故障识别正确率应达到 100%；小电阻接地故障识别正确率应达到 100%；弧光接地应达到 80%；高阻接地（1kΩ 以下）应达到 70%。

（2）试验方法及步骤。

a. 在正常环境温度下，用导线绕成一个 20 匝的升流线圈作为电流回路，与继电保护测试仪三相电流输出相连。同时，将故障指示器的采集单元接入该电流回路中，如图 2－5 所示。

b. 控制继电保护测试仪输出模拟正常负荷电流。

c. 使用钳形电流表读取模拟回路上的负荷电流值。

d. 与配电自动化主站核对故障指示器上传的负荷电流值信息。

7. 临近抗干扰试验

（1）试验目的及要求。

a. 当相邻 300mm 的线路出现故障时，不应发出本线路误报警。

b. 当本线路发生故障时，相邻 300mm 的导线不应影响发出本线路正常报警。

（2）试验方法及步骤。

a. 在正常环境温度下，用导线绕成一个 20 匝的升流线圈作为电流回路，与继电保护测试仪三相电流输出相连。同时，将故障指示器的采集单元接入该电流回路中，如图 2－5 所示。

b. 在相邻 300mm 处，再用导线绕成一个 20 匝的升流线圈作为电流回路，与继电保护测试仪另一路三相电流输出相连。

c. 控制继电保护测试仪在挂接故障指示器的一路三相输出模拟正常负荷电流，未挂接故障指示器的另一路三相输出同相位小电流，依据设定的状态序列发生变化，观察故障指示器是否受相邻线路影响，发生误动作。

d. 控制继电保护测试仪在挂接故障指示器的一路三相输出同相位小电流，依据设定的状态序列发生变化，模拟线路运行情况，使挂在升流线圈上的故障指示器感应到大电流的输出变化，未挂接故障指示器的另一路三相输出正常负荷电流，观察故障指示器是否受相邻线路影响，未动作。

8. 电源及功率消耗试验

（1）试验目的及要求。针对架空暂态特征型远传故障指示器、架空外施信号型远传故障指示器：

a. 线路负荷电流不小于 10A 时，TA 取电 5s 内应能满足全功能工作需求。

b. 采集单元非充电电池单独供电时，最小工作电流应不大于 40A。

c. 采用太阳能板供电的汇集单元电池充满电后额定电压不低于 DC 12V。采用 TA 取电的汇集单元电池额定电压应不低于 DC 3.6V。

d. 远传型故障指示器采集单元静态功耗应小于 40μA，汇集单元整机正常运行功耗应不大于 5VA。

针对架空暂态录波型远传故障指示器：

a. 线路负荷电流不小于 5A 时，TA 取电 5s 内应能满足全功能工作需求。线路负荷电流低于 5A 且超级电容失去供电能力时，应至少能判断短路故障，定期采集负荷电流，并上传至汇集单元。

b. 采集单元非充电电池额定电压应不小于 DC 3.6V。在电池单独供电时，最小工作电流应不大于 80μA。

c. 采用太阳能板供电的汇集单元电池充满电后额定电压不低于 DC 12V。采用 TA 取电的汇集单元电池额定电压应不低于 DC 3.6V。

d. 汇集单元整机功耗（在线，不通信）不大于 0.2VA。

（2）试验方法及步骤。使用万用表测量汇集单元后备电源的电池电压。

2.2.2 调试

1. 概述

为确保安装至现场的故障指示器能立即实用化，在安装前应进行必要的远方就地联合调试，调试的内容包括功能试验、性能试验、临近抗干扰试验和电源及功率消耗试验等。调试的内容和流程如下所示。

1）在配电自动化主站完成故障指示器的建模、建档。

2）在调试现场对故障指示器进行参数配置。

3）确认故障指示器上线，接入配电自动化主站。

4）在现场使用继电保护测试仪输出，进行联调。

2. 现场联调

现场联合调试步骤见表 2－22。其中性能试验仅对负荷电流误差试验进行调试，与功能试验中的来电复归同步进行，以提升调试效率。

表 2－22　现场联合调试步骤表

序号	步　骤
1	与配电自动化主站确认待调试的故障指示器调图模、点表完整、正确
2	与配电自动化主站确认数据库中故障指示器所对应的 IP 地址、端口号、终端地址等调试基础信息，与终端运维人员所提供信息一致
3	将 IP 地址对应的 SIM 卡安装至汇集单元中，并启动
4	通过故障指示器厂家提供的专用调试工具及配套调试软件，使用笔记本计算机连接汇集单元，在汇集单元上配置所需连接的配电自动化主站 IP 地址，并根据配电自动化主站上的参数，配置端口号、终端地址，设置定时复归时间至 5min，观察汇集单元是否上线及接入配电自动化主站
5	待汇集单元接入配电自动化主站后，将与该汇集单元匹配的采集单元接入与继电保护测试仪相连的电流回路中
6	控制继电保护测试仪在挂接采集单元的电流回路输出模拟永久性短路故障电流波形，电流波形示意图如图 2－6 所示，线路正常运行时，输出正常负荷电流 I_1，持续时间 t_1。线路发生永久性短路故障，故障电流突变 ΔI，$\Delta I \geqslant 110\%$短路故障启动电流，持续时间 Δt_1。模拟开关保护动作，切除故障，线路停电，$I_3=0$。在未挂接采集单元的电流回路输出恒定电流值。此时，观察采集单元是否现场发出永久性短路故障报警信号
7	待采集单元现场发出故障报警信号后，与配电自动化主站确认是否接收到永久性短路故障报警信息号及故障电流值
8	待配电自动化主站接收到报警信号后，确认短路故障报警启动误差不大于±10%
9	控制继电保护测试仪在挂接采集单元的电流回路输出恒定电流值，令采集单元自动复归。同时使用钳形电流表读取与继电保护测试仪相连的电流回路上的负荷电流值，与配电自动化主站所接收到的遥测值对比
10	若配电自动化主站所接收到的遥测值与钳形电流表所读取电流值的误差满足要求，则完成性能试验
11	待采集单元复归并完成性能测试后，控制继电保护测试仪在挂接采集单元的电流回路输出模拟瞬时性短路故障电流波形，电流波形示意图如图 2－7 所示，线路正常运行时，输出正常负荷电流 I_1，持续时间 t_1。线路发生瞬时性短路故障，故障电流突变 ΔI，持续时间 Δt_1。模拟开关保护动作，切除故障，线路停电，$I_3=0$。0.2s 后，重合闸动作成功，线路恢复正常运行，负荷电流 I_4，持续运行 Δt_2 后，停止输出。此时，观察采集单元是否现场发出瞬时性短路故障报警信号
12	待采集单元现场发出故障报警信号后，与配电自动化主站确认是否接收到瞬时性短路故障报警信息号及故障电流值，同时等待 5min 后，采集单元自动复归，完成短路故障报警及复归功能试验
13	针对接地故障模拟此处仅核对遥信信号，待后期完成加量步骤。通过故障指示器厂家提供的专用调试工具及配套调试软件，向配电自动化主站发出接地故障报警信号，并确认是否接收到接地故障报警信号

序号	步　骤
14	待配电自动化主站接收到报警信号后，等待故障指示器定时复归
15	针对架空暂态录波型远传故障指示器，应控制继电保护测试仪在挂接采集单元的电流回路输出恒定电流值，令采集单元检测到零序电流，形成波形文件
16	与配电自动化主站确认是否接收到波形文件，并核对波形正确性
17	待配电自动化主站确认接收波形正确后，远程遥控故障指示器报警
18	现场确认采集单元闪灯报警，并等待定时复归后，完成接地故障报警及复归功能调试
19	控制继电保护测试仪在挂接采集单元的电流回路输出模拟负荷波动防误报警波形，电流波形示意图如图 2－8 所示，线路正常运行时，输出正常负荷电流 I_1，持续时间 t_1。线路出现非故障波动，电流突增 ΔI，持续时间 Δt_1。随后波动消失，线路负荷电流恢复稳定，负荷电流 I_3。此时，并观察采集单元是否现场发出故障报警信号
20	若采集单元现场未发出故障报警信号，则完成负荷波动防误报警功能调试
21	控制继电保护测试仪在挂接采集单元的电流回路输出模拟人工投切大负荷防误报警波形，电流波形示意图如图 2－9 所示，线路正常运行时，输出正常负荷电流 I_1，持续时间 t_1。线路出现大负荷投入，负荷电流突增 ΔI，持续时间 Δt_1。线路切除负荷，线路停电，$I_3=0$。此时，观察采集单元是否现场发出故障报警信号
22	若采集单元现场未发出故障报警信号，则完成人工投切大负荷防误报警功能调试
23	控制继电保护测试仪在挂接采集单元的电流回路输出模拟线路突合负载涌流防误报警波形，电流波形如图 2－10 所示，线路无电流，输出 $I_1=0$，持续时间 t_1。线路突然合闸，负荷电流突增至 I_2，持续时间 Δt_1。线路达到稳定状态，线路正常运行，负荷电流 I_3。此时，观察采集单元是否现场发出故障报警信号
24	若采集单元现场未发出故障报警信号，则完成线路突合负荷涌流防误报警功能调试
25	控制继电保护测试仪在挂接采集单元的电流回路输出模拟非故障相重合闸涌流防误报警波形，电流波形如图 2－11 所示，线路正常运行时，输出正常负荷电流 I_1，持续时间 t_1。线路发生瞬时性短路故障，0.2s 后，重合闸动作成功，非故障相线路在承受一个持续时间 Δt_1 的过电流 I_3 后，线路恢复正常运行，负荷电流 I_4，持续运行 Δt_2 后，停止输出。此时，观察采集单元是否现场发出故障报警信号
26	若采集单元现场未发出故障报警信号，则完成非故障相重合闸涌流防误报警功能调试
27	控制继电保护测试仪在挂接采集单元的电流回路输出恒定电流值，在未挂接采集单元的电流回路输出模拟永久性短路故障电流波形，电流波形示意图如图 2－6 所示，线路正常运行时，输出正常负荷电流 I_1，持续时间 t_1。线路发生永久性短路故障，故障电流突变 ΔI，持续时间 Δt_1。模拟开关保护动作，切除故障，线路停电，$I_3=0$。此时，观察采集单元是否现场受临近线路干扰影响发出故障报警信号
28	若采集单元现场未发出故障报警信号，则控制继电保护测试仪在挂接采集单元的电流回路输出恒定电流值，在未挂接采集单元的电流回路输出模拟永久性短路故障电流波形，电流波形示意图如图 2－6 所示，线路正常运行时，输出正常负荷电流 I_1，持续时间 t_1。线路发生永久性短路故障，故障电流突变 ΔI，持续时间 Δt_1。模拟开关保护动作，切除故障，线路停电，$I_3=0$。此时，观察采集单元是否现场受临近线路干扰影响发出故障报警信号
29	若采集单元现场未发出故障报警信号，则完成临近抗干扰试验调试
30	控制继电保护测试仪在挂接采集单元的电流回路输出恒定电流值（小于 5A），与配电自动化主站确认是否接收到来自故障指示器的电池额定电压、负荷电流值

续表

序号	步　　骤
31	若配电自动化主站所接收到的电池额定电压、负荷电流值与故障指示器厂家提供的配套调试软件查看的电池额定电压、负荷电流值一致，则完成电源及功率消耗试验调试
32	通过故障指示器厂家提供的专用调试工具及配套调试软件，再次设置参数，将定时复归时间设置为所需长度，关闭汇集单元，拆下采集单元，完成调试报告，完成故障指示器现场联合调试

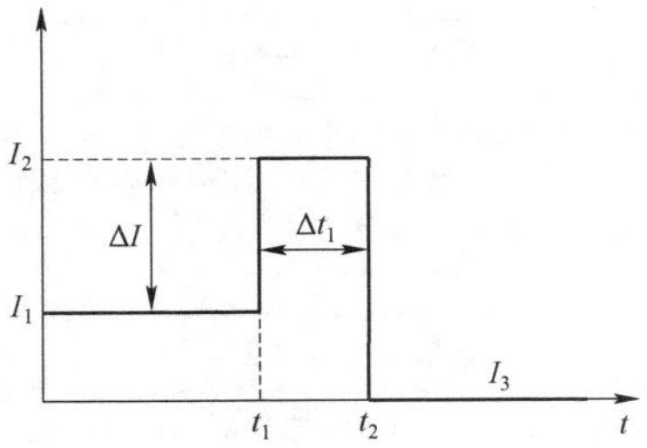

图 2－6　模拟永久性短路故障电流波形示意图

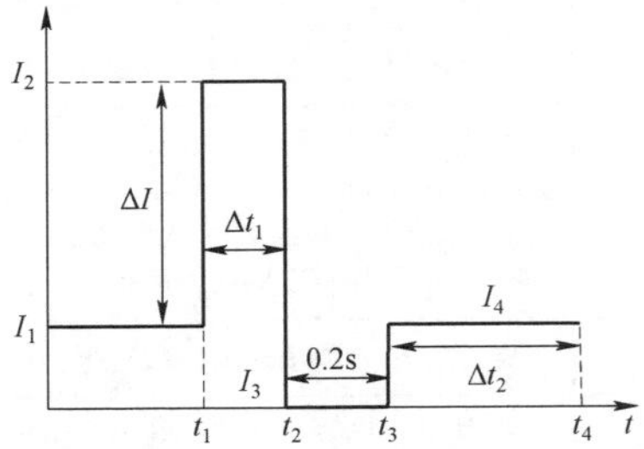

图 2－7　模拟瞬时性短路故障电流波形示意图

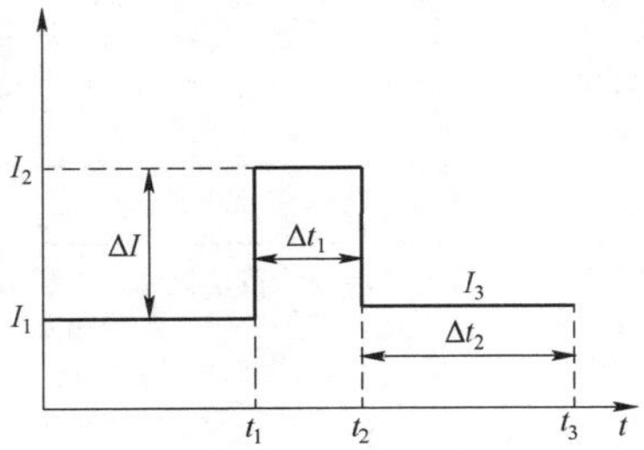

图 2－8　负荷波动防误报警波形示意图

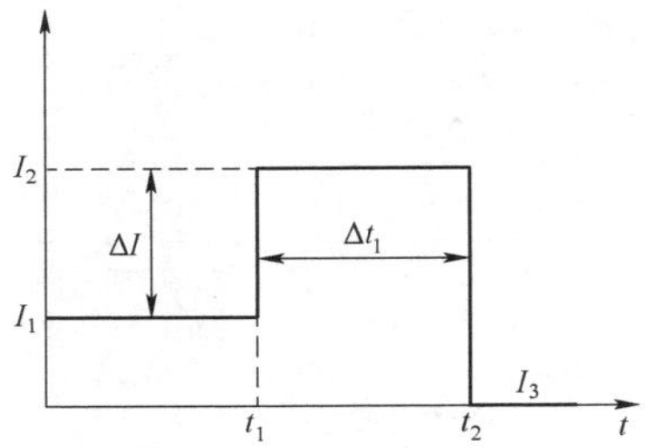

图 2－9　人工投切大负荷防误报警波形示意图

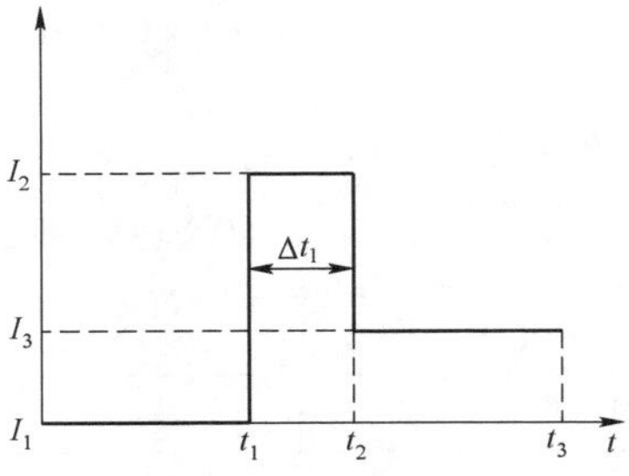

图 2－10　线路突合负荷涌流防误报警波形示意图

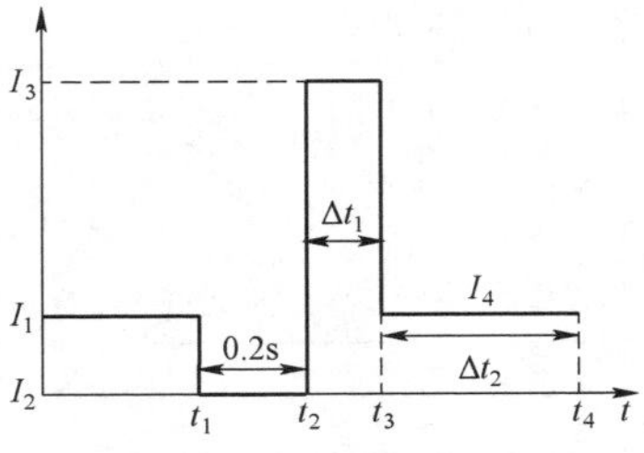

图 2－11　线路突合负荷涌流防误报警波形示意图

2.2.3 验收

1. 概述

故障指示器现场安装完成后，验收人员可参照表 2-23 的安装工艺要求进行验收。

表 2-23　　安装工艺要求表

序号	项目	要　求
1	采集单元	（1）采集单元安装朝向应与要求一致； （2）采集单元相序应与架空线路相序一致； （3）压线弹簧应可靠夹紧架空线路； （4）测量线圈应紧密闭合； （5）透明罩应朝下，令运维人员在采集单元下方清晰可见翻牌、闪灯
2	汇集单元	（1）杆塔上安装的汇集单元安装高度应根据抱箍大小进行合理选择； （2）太阳能板应朝南安装，可做东西方向不大于 30° 的调整； （3）太阳能板不得被树木或建筑物遮挡； （4）汇集单元外壳应可靠接地

2. 安装验收

安装验收的内容和流程，详见表 2-24。

表 2-24　　安装验收的内容和流程表

序号	步　骤
1	核对线路名称及杆号，确认故障指示器待安装杆点与现场一致，并拍照
2	确认周围安装环境，包括通信信号强度、环境遮荫情况等
3	确认导线相序，分清 A、B、C 相位置
4	前往故障指示器安装朝向侧的下一基电杆，确认安装朝向与图模一致，并拍照
5	启动汇集单元
6	与配电自动化主站核对汇集单元的电池电压、充电电压，确认汇集单元电源是否正常
7	登杆安装采集单元，地面人员通过望远镜观察采集单元是否压线弹簧可靠夹紧架空线路，观察采集单元测量线圈是否紧密闭合
8	安装汇集单元
9	与配电自动化主站核对采集单元上送的负荷电流、对地电场强度等遥测值是否合理
10	安装后拍照
11	安装、验收双方在验收单上签字确认，完成安装验收

3 运行管理

3.1 巡视

3.1.1 巡视总体要求

运维人员应结合一次开关设备，同步对配电自动化终端等二次设备进行巡视。发现异常时，及时通知相关部门，同时启动缺陷管理流程并按规定上报。

在不影响人身、设备安全的前提下，可根据本单位实际情况，开展一次设备及终端的综合巡视，巡视周期由终端所在线路或区域一次设备的巡视周期确定。

成套设备的巡视工作应纳入生产管理系统（PMS）统一管理。

3.1.2 巡视类别及巡视周期要求

1. 巡视类别

（1）定期巡视。为掌握成套设备的日常运行状况，及时发现缺陷和隐患，所开展的巡视称为定期巡视，定期巡视内容包括遥测、遥信信号、电源、通信状态等成套设备运行情况以及周围环境变化影响的巡视等。

（2）故障巡视。为查明成套设备出现通信中断、信号告警或错误等问题的原因所开展的巡视称为故障巡视。

（3）特殊巡视。遇有重要政治活动、恶劣天气以及可能危及成套设备安全的建设、施工等情况时，所开展的巡视称为特殊巡视。

2. 巡视周期

配电自动化设备巡视周期表见表 3－1。

表 3-1　　配电自动化设备巡视周期表

序号	巡视类别	周　期
1	定期巡视	应结合一次开关同步进行，市区一个月，郊区及农村一个季度
2	故障巡视	出现通信中断、信号告警或错误等问题时进行
3	特殊巡视	重要活动、恶劣天气及危及设备安全运行等情况时进行

3.1.3 巡视内容

1. 巡视检查内容

终端的巡视建议主要关注如下内容。

（1）终端所属馈线和杆塔号是否与地理信息系统相一致，终端有无丢失，终端表面是否清洁，有无裂纹和缺损。

（2）箱门关闭是否良好，有无锈蚀、积灰，内部是否有凝露。

（3）终端接地是否牢固可靠，终端二次电缆是否紧固、标号是否清晰正确。

（4）终端航空插头部分有无松动，其他端子有无虚接发热痕迹。

（5）终端运行工况是否良好，各指示灯、信号灯是否正常。

（6）电池有无被盗、膨胀、开裂。

（7）终端压板投退、控制按钮位置是否正确。

（8）终端通信是否正常，能否接收主站下发报文。

（9）终端遥测数据是否正常，遥信位置是否正确。

（10）检查终端二次安全防护设备是否正常运行。

对于成套设备巡视，除关注配电自动化终端外，还应关注对应配电一次设备情况，建议主要关注如下内容。

（1）外壳有无渗、漏油和锈蚀现象。

（2）套管有无破损、裂纹和严重污染或放电闪络的痕迹。

（3）设备的固定是否牢固、是否下倾，支架是否歪斜、松动，引线接点和接地是否良好，线间和对地距离是否满足要求。

（4）气体绝缘开关的压力指示是否在允许范围内。

（5）开关的命名、编号，分、合和储能位置指示，警示标志等是否完好、正确、清晰。

（6）各个电气连接点连接是否可靠，铜铝过渡是否可靠，有无锈蚀、过热和烧损现象。

2. FTU 巡视记录项目

运维人员在进行馈线终端（FTU）巡视时，建议主要关注表 3-2 所示内容。

表 3-2　　　　FTU（馈线终端）巡视记录项目

巡视项	巡　视　内　容
终端本体	终端是否悬挂牢固、箱体门是否合好，是否有锁具，内部有无凝露，箱体表面是否脏污、锈蚀
	终端铭牌（包括名称、型号、厂家、出厂日期及编号等）是否清晰、有无污损
	有无明显的凹凸痕、划伤、裂缝和毛刺，镀层是否脱落，蚀刻文字、符号是否清晰
	是否具有独立的保护接地端子，并与外壳牢固连接，接地螺栓的直径应不小于 6mm
	控制旋钮、压板是否在正确的运行位置；TV 电源、蓄电池空开是否合上
	显示屏表面有无脏污、开裂，显示状态值是否正常，带电指示灯是否正常、运行指示灯是否正常
	终端运行指示灯和故障指示灯是否正常，通信模块指示灯是否显示正常
	终端定值设定是否正确、合理；终端遥测数据是否正常，遥信位置是否正确
二次电缆	二次电缆有无损坏、烧伤痕迹，绝缘有无破损，在严重污秽地区的二次电缆引下线有无腐蚀现象
	各部件间二次电缆连接固定是否牢固，接头是否良好，螺帽是否紧固
电源	自动充电模块空气开关是否正常，是否在浮充状态
	电池是否有漏液现象；电池壳体是否鼓胀；测量电池电压是否正常
	超级电容是否鼓胀或烧毁
其他	终端所属馈线和杆塔号是否与地理信息系统相一致，安装金具有无变形
	柱上开关本体及 TV 外观无异常，开关及 TV 一次接线符合要求，连接可靠，一次设备可靠接地
	航空插头是否松动，连接是否良好

3. 成套设备巡视记录项目

终端运维人员在进行一二次融合成套设备巡视时，对于配电自动化终端可参考“表 3-2　FTU（馈线终端）巡视记录项目”内容进行，对应配电一次设备巡视建议主要关注表 3-3 所示内容。

表 3-3　　　　一二次融合成套设备（一次部分）巡视记录项目

巡视项	巡　视　内　容
柱上开关本体及 TV	开关的命名、编号，分、合和储能位置指示，警示标志等是否完好、正确、清晰
	外壳有无渗、漏油和锈蚀现象
	套管有无破损、裂纹和严重污染或放电闪络的痕迹
	气体绝缘开关的压力指示是否在允许范围内
其他	各个电气连接点连接是否可靠，铜铝过渡是否可靠，有无锈蚀、过热和烧损现象
	设备的固定是否牢固、是否下倾，支架是否歪斜、松动，引线接点和接地是否良好，线间和对地距离是否满足要求

4. 远传型故障指示器巡视记录项目

配电自动化终端运维人员在进行远传型故障指示器设备巡视时，建议主要关注表 3－4 内容。

表 3－4　　远传型故障指示器巡视记录项目

巡视项	巡　视　内　容
采集单元	是否悬挂牢固、表面是否脏污，外观是否有损伤或机械形变
	铭牌（应包含型号及名称、制造厂名、出厂编号、制造年月、二维码信息）是否清晰、有无污损
	相序颜色标识、线路潮流符号是否清晰
汇集单元	箱体是否安装牢固、箱体门是否合好，箱体表面是否脏污、锈蚀
	汇集单元的底部绿色运行闪烁指示灯是否正常，在杆下是否明显可见
	通信模块指示灯是否显示正常
取电装置及后备电源	采用太阳能板供电时，太阳能板表面有无脏污、开裂
	电池是否有漏液，壳体是否有鼓胀现象；测量电池电压是否正常

3.1.4　巡视流程

1. 定期巡视流程

由终端运维人员按照巡视周期表制定，班组长审批并列入配电运检室周工作计划。班组长负责督促、检查配电自动化设备运行巡视计划的完成情况。

2. 特殊巡视流程

依据上级有关文件、保电通知、其他突发事件、恶劣天气等，由配电运检室运行主管依据公司要求制订特殊巡视计划或任务。各自动化设备运行班组负责执行并汇报完成情况。

3. 异常巡视流程

由配电自动化主站系统报警或其他原因导致终端异常运行时，由配电自动化运行班组安排巡视及检查。

3.1.5　巡视记录和巡视工作总结

（1）运维人员应将每天巡视的成套设备和发现的问题，做好记录。

（2）对发现的缺陷应正确分类。危急及严重缺陷应及时填写缺陷单，报请有关人员安排处理。

（3）巡视工作完毕后，按季度进行分析总结，重点对成套设备运行状况做出客观评价，提出对成套设备的维修、改造建议。

3.2 操作

3.2.1 一般要求

（1）终端的开关操作分为远方操作和就地操作两种，远方操作由当值配网调控员完成，就地操作由配电运维单位承担。

（2）改变配网运行方式和处理事故时的操作应优先远方操作，当不具备远方操作条件或现场计划检修停电时，可进行就地操作。

（3）配网远方操作必须严格遵守相关安全管理规定及调度管理规程。远方操作时，必须认真监视和核对操作前后有关遥信和遥测值的变化。

3.2.2 “集中型”配电自动化柱上开关操作

1. 远方操作

（1）远方操作是指当值配网调控员根据事先拟好的操作指令，对配电自动化线路负荷转移、线路停电隔离及送电时，线路开关分、合闸的远方控制操作。

（2）当值配网调控员进行遥控操作时，应按照线路操作的有关规定执行；单一操作可不填写操作票，但必须坚持执行复诵、监护、录音等制度，对操作的正确性负责。当值配网调控员实际遥控操作时，应按表 3－5 中规定执行。

表 3－5　　远方遥控操作规定

序号	操作阶段	遥控操作规定
1	遥控操作前	当值配网调控员应做好准备工作，首先应明确操作目的，核对相关自动化线路运行方式，确定待遥控自动化终端处于正常运行状态（配电自动化终端在线并处于“远方”状态，无气压异常告警，待操作的开关在配网自动化主站系统中的图模信息与现场一致）；其次应做好操作过程中出现异常及开关拒动的事故预案
2	遥控操作中	应仔细观察相关自动化线路开关的变位信号及遥测量变化以及返回的信息报文，判断开关动作的正确性
3	操作结束后	当值配网调控员确认隔离开关位置状态及信息量与实际情况符合，在监控日志中填写遥控操作记录

（3）当遇有自动化系统故障、通信通道异常（系统发出异常信号）、电动操动机构失灵（开关拒动）等异常时，当值配网调控员应立即中止遥控操作，并在调度模拟屏上置牌（“遥控拒动”等），在监控日志中填写异常记录，通知运维人员处理。

（4）在进行线路合环操作过程中，当值配网调控员如发现开关分不开，应立即下令拉开相邻分段开关（或变电站相关出线开关），以免线路长期合环运行。

并通知配电操作人员立即赶赴现场，将拒动开关手动拉开，当值配网调控员应及时通知运维人员尽快消缺处理，并将情况录入监控日志。

（5）配电自动化线路开关设备首次遥控操作时，操作流程见表3－6。

表3－6　　配电自动化线路开关设备首次遥控操作流程

序号	首次遥控操作流程
1	当值配网调控员进行遥控操作前，应通知配电操作人员到现场配合检查待遥控成套设备情况
2	现场操作人员到达现场后立即与当值配网调控员联系，汇报待遥控操作成套设备状态，并采取有效安全的防护措施。当值配网调控员得知现场待遥控开关状态一切正常后，方可进行遥控操作
3	当值配网调控员每进行一项遥控操作，均应联系现场操作人员核对相应开关动作状态，并检查其遥信、遥测量是否正常
4	遥控操作结束后，成套设备均正常，当值配网调控员做好相关记录
5	如遥控开关拒动，当值配网调控员向现场配电操作人员详细了解现场遥控开关拒动情况后，酌情进行方式调整，并立即通知运维人员尽快消缺，事后进行情况记录
6	遥控操作开关时，如其他开关误动（报警系统或调度模拟屏提示），当值配网调控员应向现场操作人员详细了解、核实现场遥控开关误动情况，并立即通知运维人员消缺处理
7	配电现场操作人员在线路检（抢）修工作前，将相关终端旋钮打在“就地”位置，再将开关的电动操动机构电源空开断开，并在开关操作把手及电操空开处悬挂“有人工作，禁止合闸”标示牌；在线路检（抢）修工毕后，将开关操作把手及电操空开处“有人工作，禁止合闸”标示牌取下、将开关的电动操动机构电源空开合上，将旋钮打回至“远方”位置

2. 现场操作

（1）“集中型”配电自动化柱上开关操作方式。

表3－7　　“集中型”配电自动化柱上开关操作方式

序号	操作项目	操　作　方　式
1	远方遥控操作	终端旋钮旋至“远方”位置，开关电动操动机构电源空开合上。在此情况下，自动化主站系统后台调试人员或当值配网调控员可实现远方遥控操作
2	就地电动操作	终端旋钮旋至“就地”位置，开关的电动操动机构电源空开在合上。在此情况下，现场操作人员可以通过开关分/合按钮对开关进行分/合闸操作
3	就地手动操作	终端旋钮旋至“就地”位置，开关的电动操动机构电源空开在拉开位置。在此情况下配电现场操作人员只能通过开关操作把手实现开关的分/合闸操作

（2）线路停送电检修操作步骤。

1）检修停电：检修准备需完全满足相关安全规范要求后，方可工作。检修工作开始前，检修人员应与当值配网调控员汇报所涉及成套设备现场状态，并由当值配网调控员遥控开关，完毕后，现场检修人员应与当值配网调控员核实所遥控的开关的实际位置，无误后，将远方就地开关旋钮旋至“就地”位置，再断开电动操动机构的电源空开，并在操作把手及电操空开处悬挂“有人工作，禁止合闸”标示牌。做好安全措施后，检修工作负责人应向当值配网调控员汇报开关已由远方改为就地模式，检修工作负责人接受当值配网调控员停电工作许可命令后，方可作业。

2）检修完毕：工作负责人报竣工后，当值配网调控员下令操作人员取牌、送电。检修人员首先取下“有人工作，禁止合闸”标示牌，并将开关旋钮由“就地”旋至“远方”位置，再将开关的电动操动机构电源空气开关合闸，无误后，汇报当值配网调控员，并由当值配网调控员遥控开关合闸；操作完毕后，检修人员应与当值配网调控员确认成套设备运行状态及一、二次单元信息量正确后，方可离开现场。

（3）故障线路抢修现场操作要求。故障线路转检修及作业完毕后送电的操作要求同上。

3. 故障处理

故障处理模式包括馈线故障处理模式、设备本体异常处理模式和遥控操作拒动、误动时处理模式等。

（1）馈线故障处理模式。配电自动化线路故障跳闸，当值配网调控员根据配电自动化系统给出的故障电流信息，明确故障范围，并对开关设备进行遥控操作，隔离故障；故障段隔离后，线路抢修负责人首先要与当值配网调控员联系，将线路故障段所有相关开关由“遥控”改为“手动”并挂牌；线路抢修负责人再接受当值配网调控员线路抢修开工指令。

线路故障抢修完毕，线路抢修负责人向当值配网调控员报完工后，必须取得当值配网调控员同意，方可进行取牌、将故障点相关开关由“手动”改为“遥控”。当值配网调控员对线路遥控送电时，必须问明遥控送电的开关是否为断路器，禁止通过负荷开关向故障修复后的线路直接送电，可通过上级断路器开关或变电站开关送电。

（2）设备本体异常处理模式。“集中型”配电自动化柱上开关若出现一、二次设备本体或通信通道异常，依据现场异常情况，终端运维人员如提出采用线路不停电作业，应经当值配网调控员同意后才可消缺，消缺完毕后，核对设备运行状态及信息量；运维人员如采用线路不停电作业，告知当值配网调度员，当值配网调控员经主管领导批准后，才可同意按馈线故障方式处理，馈线故障处理流程见上节，送电后要求核对设备运行状态及信息量。

（3）遥控操作拒动、误动时处理模式。若变电站出线开关重合闸失败，同时出线开关及电源侧其他配电自动化开关均显示通过故障电流，可初步判断为线路发生故障，故障点位于最后流过故障电流开关的下游。当值配网调控员将故障点上游的开关遥控分闸，再将变电站出线开关合闸，试送电。

若线路开关跳闸时，变电站出线开关及电源侧其他遥控开关均未动作，且所有开关电流、电压曲线均属正常，则可初步判断为开关误分。监控值班员应将核实情况汇报当值调度员，由调度员尽快恢复送电，并通知运维人员消缺。

3.2.3 “就地型”配电自动化柱上开关操作

1. 现场操作

（1）“就地型”配电自动化柱上开关设备操作方式（见表3－8）。

表3－8　“就地型”配电自动化柱上开关设备操作方式

序号	操作项目	操作方式
1	就地电动操作	核实开关旋钮在“就地”位置，开关的电动操动机构电源空开在合上位置。在此情况下，现场操作人员可以通过开关分/合按钮对开关进行分/合闸操作
2	就地手动操作	核实开关旋钮在“就地”位置，开关的电动操动机构电源空开在拉开位置。在此情况下，现场操作人员只能通过开关操作把手实现开关的分/合闸操作

（2）单电源辐射型线路（见图3－1）停送电检修现场操作步骤。操作内容：对线路B区段进行停电检修。

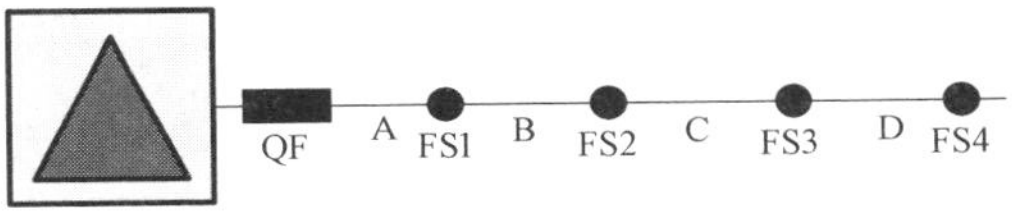

图3－1　单电源辐射型配电线路典型接线图

1）检修停电：检修工作开始前，配电现场操作人员将FS1终端手柄由“自动”打到“手动分”，确认FS1开关分闸。同时，确认FS2、FS3、FS4开关因失压分闸。将FS2终端手柄由“自动”打到“手动分”，并确认FS2开关分闸。现场操作人员将FS1、FS2终端手柄锁住，开关两侧隔离开关拉开，并在FS1、FS2开关操作把手及电操空气开关处悬挂“有人工作，禁止合闸”标示牌，做安全措施后，检修工作负责人应向当值配网调控员汇报。检修工作负责人接受当值配网调控员停电工作许可命令后，方可作业。

2）检修完毕：线路B区段检修工作完毕后，检修工作负责人报竣工，拆除安全措施及标示牌，将FS1、FS2两侧隔离开关合上，FS1终端手柄由“手动分”打到“合/复位”，确认FS1开关合闸。将FS2终端手柄由“手动分”打到“合/复位”，确认FS2开关合闸。操作完毕后，确认FS3、FS4开关因线路送电处于合闸状态。

（3）双电源联络型线路（见图3－2）停电检修现场操作步骤。

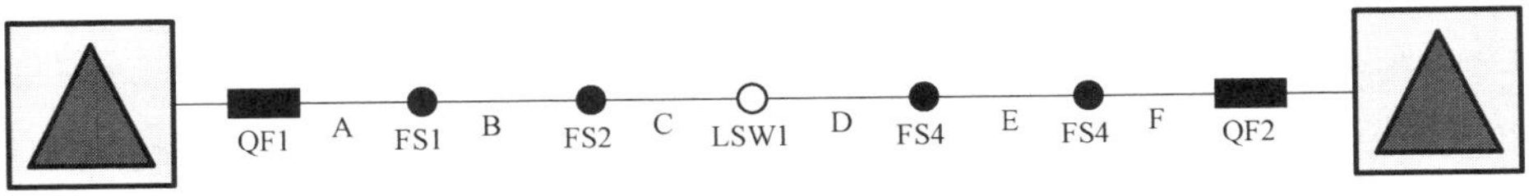

图3－2　双电源联络型配电线路典型接线图

操作内容：对线路 B 区段进行停电检修，联络开关 LSW1 不投自动，两侧隔离开关拉开，线路允许合环倒供。

1）检修停电：检修工作开始前，现场操作人员核实 LSW1 开关分合指针在分位，并且确认终端控制旋钮位置在“手动分”位置。确认后将 LSW1 开关两侧隔离开关合上，将 LSW1 终端手柄由“手动分”打到“合/复位”，确认 LSW1 开关合闸。将 FS2 终端手柄由“自动”打到“手动分”，确认 FS2 开关分闸。将 FS1 终端手柄由“自动”打到“手动分”，确认 FS1 开关分闸。现场操作人员将 FS1、FS2 终端手柄锁住，开关两侧隔离开关拉开，并在 FS1、FS2 开关操作把手及电操空开处悬挂“有人工作，禁止合闸”标示牌，做安全措施后，检修工作负责人应向当值配网调控员汇报。检修工作负责人接受当值配网调控员停电工作许可命令后方可工作。

2）检修完毕：线路 B 区段检修工作完毕后，检修工作负责人报竣工，拆除安全措施及标示牌，将 FS1、FS2 两侧隔离开关合上，FS1 终端手柄由“手动分”打到“合/复位”，确认 FS1 开关合闸。将 FS2 终端手柄由“手动分”打到“合/复位”，确认 FS2 开关合闸。将 LSW1 终端手柄由“合/复位”打到“手动分”，确认 LSW1 开关分闸。拉开 LSW1 开关两侧隔离开关。检修人员应与当值配网调控员核对成套设备运行状态及一、二次信息量正确后方可离开现场。

（4）用户分界开关（见图 3－3）停电检修现场操作步骤。

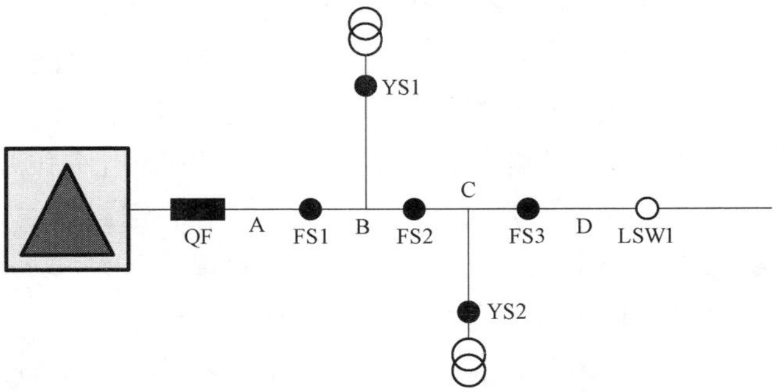

图 3－3　带用户分界开关配电线路典型接线图

操作内容：在用户分界 YS1 下游线路进行停电检修。

1）检修停电：检修工作开始前，现场操作人员核实 YS1 开关旋钮在“就地”位置，当值配网调控员向现场操作人员下达指令将 YS1 开关及线路转为检修状态，现场检修人员将 YS1 开关的电动操动机构电源空开断开，并在 YS1 开关操作把手及电操空开处悬挂“有人工作，禁止合闸”标示牌，做安全措施；检修工作负责人应向当值配网调控员汇报。检修工作负责人接受当值配网调控员停电工作许可命令后方可工作。

2）检修完毕：检修工作负责人报竣工后，由当值配网调控员向配电现场操作人员下达指令将 YS1 开关转为运行状态，配电检修人员首先将 YS1 开关设备拆除安全措施及标示牌，再将 YS1 开关的电动操动机构电源空开合上，配电现场操作人员操作 YS1 开关送电完毕后，检修人员应与当值配网调控员核对 YS1 开关设备运行状态及一、二次信息量正确后，方可离开现场。

2. 故障处理

（1）馈线故障处理。

“就地型”配电自动化柱上开关故障跳闸，当值配网调控员根据自动化系统给出的故障电流信息，明确故障范围后告知线路抢修人员，线路抢修人员现场核实开关分合闸状态并告知当值配网调控员，当值配网调控员下达开关及线路转检修指令，线路抢修人员首先核实故障段各侧开关分闸，并将分段开关终端手柄由“自动”打到“手动分”（若线路故障段涉及联络开关，则确认联络开关终端手柄在“手动分”位置），故障段相关开关两侧隔离开关拉开，在开关操作把手及电操空开处悬挂“有人工作，禁止合闸”标示牌，做好安全措施；线路抢修人员再接受当值配网调控员线路抢修开工指令。线路故障抢修完毕，线路抢修负责人向当值配网调控员报完工后，当值配网调控员下令对开关及线路送电。

（2）设备本体异常处理。

“就地型”配电自动化柱上开关如出现一、二次设备及通信通道异常告警时，如配电自动化终端运维人员依据现场异常情况提出线路不停电处理，应告知当值配网调控员同意后进行处理，处理完毕后核对设备信息量是否正确；如配电自动化终端运维人员依据现场故障情况提出线路停电处理，当值配网调控员经请示主管领导同意后按线路故障处理，送电后要求核对设备信息量是否正确。

（3）设备拒动、误动时处理。

如变电站出线开关继保动作跳闸、第二次重合成功，同时 FS1、FS2 开关流过故障电流，FS1 开关动作分闸，但 FS2 开关未动作分闸，则可初步判断为 FS2 开关拒动，当值配网调控员通知配电自动化终端运维人员现场核实 FS2 开关在合闸的位置，FS1、FS3 开关在闭锁状态，下令将 B、C 段线路（见图 3－4 和图 3－5）转检修，配电自动化终端运维人员 FS1、FS3 开关终端手柄由“自动”打到“手动分”将 FS1、FS3 终端手柄锁住，现场操作人员将开关两侧隔离开关拉开，并在 FS1、FS3 开关操作把手及电操空开处悬挂“有人工作，禁止合闸”标示牌，做安全措施后，配电检修人员对线路故障及终端故障进行处理。

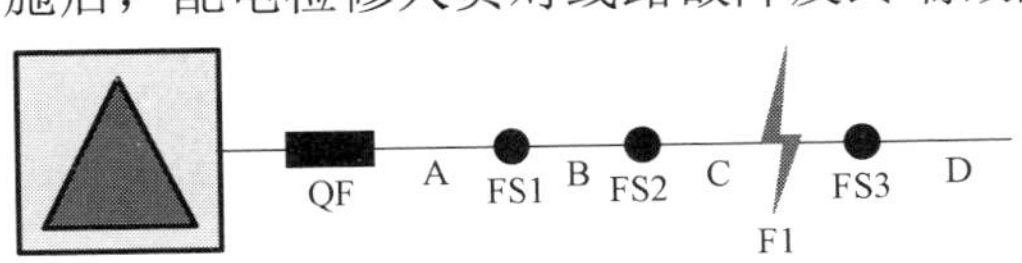

图 3－4　线路 C 段故障前各线路开关状态

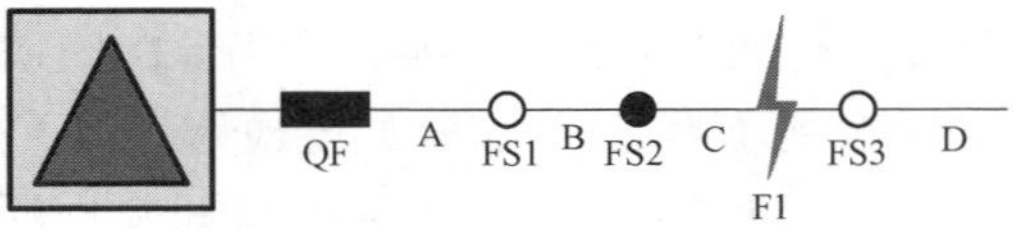

图 3－5　线路 C 段故障后各线路开关状态

如“就地型”配电自动化柱上开关跳闸时变电站出线开关及电源侧其他配电自动化开关均未动作，且所有开关通过电流数值正常，则可初步判断为“就地型”配电自动化柱上开关误分。监控值班员应通知配电自动化终端运维人员进行现场消缺处理。

3.3　投退役及台账资料管理

3.3.1　总体要求

（1）应加强成套设备入网管理，新产品、新设备投入正式运行前，应履行入网手续，取得相关资质测试单位测试合格报告后，方可安装应用。新入网成套设备投运前应组织对运维人员开展技术培训。

（2）成套设备投入运行前，应履行相应的审批手续。成套设备永久退出运行，应事先由其配电自动化终端运行维护单位向调控中心提出书面申请，经批准后方可运行。

（3）成套设备台账资料管理坚持“谁主管、谁负责，谁形成、谁整理”的原则，运维单位在对成套设备进行验收时，应同步做好配电自动化项目文件材料的收集、整理和归档。

3.3.2　投退运管理

1. 投运工作流程

（1）新建成套设备（包括通信通道）应同步建设、同步调试、同步验收，验收合格后方可投入运行；扩建、改造项目也须在调试、验收合格后方可投入运行。

（2）新入网（包括新入网厂家、型号及版本）成套设备，项目实施单位须于提前至少 1 个月与调控中心开展联调，主要针对无线通信、规约、安全防护、点表等进行调试。

（3）工程建设单位在配电网月度调度工作计划工作内容中注明“配电自动化终端调试”字样，每月初向运维单位上报配电自动化终端接入调试月度工作计划及配电自动化终端相关资料，配电自动化终端运维单位确认配电自动化终端符合接入要求后，每月末将配电自动化终端接入调试月度工作计划汇总后上报调控中心、运维检修部。若配电自动化终端不符合接入要求，配电自动化终端运维单位通知本单位计划专责取消相关月度工作计划。

（4）新设备投运前，相关工程技术资料、设备参数应完整、准确，工程建设单位应将有关技术资料（包括功能技术规范、竣工验收报告、投运设备清单等）提供给调控中心和配电运行管理单位，并由配电运行管理单位在 PMS 生产管理系统中录入相关管理信息。

（5）新设备投运前应完成相关验收、试验工作。验收报告由配电自动化终端运维班组按照要求进行签字、记录备案。投运前配电运行人员与配电自动化终端运维人员应完成自动化终端与主站的遥信、遥测调试工作，并与当值配网调控员完成终端遥控调试工作，经当值配网调控员验收确认、许可后终端设备方可投入电网运行。配网图形未完成更新或终端设备未完成传动验收工作的，严禁启动新设备的投运工作。

（6）参照“安全分区、网络专用、横向隔离、纵向认证”的原则，采用双向认证及加密方式实现配电主站与配电终端间的双向身份鉴别，确保数据机密性和完整性；加强配电终端服务和端口管理、密码管理、运维管控、内嵌安全芯片等措施，提高终端的防护水平。成套设备投运当天，项目实施单位需向配电自动化终端运维单位上报配电自动化终端现场安防检查指导卡及终端竣工资料，配电自动化终端运维单位完成验收并做好相关资料收集后正式予以接收。因安全防护主要涉及终端部分，终端部分检查指导卡见表 3－9。

表 3－9　　终端部分检查指导卡

<table>
<tr><td colspan="6">终端基础信息</td></tr>
<tr><td>终端名称</td><td></td><td>安装地点</td><td></td><td>终端 IP 地址</td><td></td></tr>
<tr><td>终端厂家</td><td></td><td>终端型号</td><td></td><td>终端编号</td><td></td></tr>
<tr><td>通道方式</td><td></td><td>终端版本号</td><td></td><td>SIM 卡号</td><td></td></tr>
<tr><td>序号</td><td colspan="4">对照检查内容</td><td>是否合格</td></tr>
<tr><td>1</td><td colspan="4">检查现场设备锁具是否齐备、完好（罩式终端可不用锁具）</td><td></td></tr>
<tr><td>2</td><td colspan="4">现场查看终端型号信息，具有国家及公司认可的检测机构出具的安全检测报告</td><td></td></tr>
<tr><td>3</td><td colspan="4">现场查看配置加密模块</td><td></td></tr>
<tr><td>4</td><td colspan="4">终端登录密码、IP 地址不可粘贴在设备明显位置（如粘贴在或写在柜门上或存在外泄风险）</td><td></td></tr>
<tr><td>5</td><td colspan="4">对配电自动化终端嵌入式系统进行漏洞扫描，检查是否存在安全风险和漏洞</td><td></td></tr>
<tr><td>6</td><td colspan="4">检查登录/调试密码为强口令（口令长度不得小于 8 位，且为字母、数字或特殊字符的混合组合，用户名和口令不得相同）</td><td></td></tr>
</table>

续表

<table>
<tr><td>序号</td><td colspan="2">对照检查内容</td><td>是否合格</td></tr>
<tr><td>7</td><td colspan="2">检查登录/调试密码不得为厂商通用密码，每套成套设备密码均不相同</td><td></td></tr>
<tr><td>8</td><td colspan="2">每套成套设备密码应由运维方唯一掌握</td><td></td></tr>
<tr><td>9</td><td colspan="2">现场查看终端无用网络端口应封闭</td><td></td></tr>
<tr><td>10</td><td colspan="2">现场查看无用调试端口应封闭</td><td></td></tr>
<tr><td>11</td><td colspan="2">对现场运维第三方计算机接入与U盘使用，是否采取有效技术保护与管理措施，如有请说明。分析被核查的系统是否通信协议未加密认证，是否面临重放攻击。如何防范控制指令被伪造或防止病毒“摆渡”攻击</td><td></td></tr>
<tr><td>12</td><td colspan="2">与厂商调试人员是否签订密码保护协议</td><td></td></tr>
<tr><td>13</td><td colspan="2">外部合作单位是否与公司签订保密协议和保密承诺书</td><td></td></tr>
<tr><td>14</td><td colspan="2">新入职员工、岗位调整人员应已完成信息安全岗位培训</td><td></td></tr>
<tr><td>检查人</td><td></td><td>检查时间</td><td></td></tr>
</table>

（7）配电自动化终端运维班组班每月应对新配网终端投运情况进行统计和上报。

2. 退役工作流程

（1）配电自动化终端设备因进行计划检修或临时检修工作需要短时停运时，若影响到主站配电调控员的运行监控时，配电检修人员检修前需要履行相应的调度许可手续并做好安全措施后方可进行。

（2）配电自动化终端设备永久退运时，配电自动化终端运维班组应填报《配电自动化终端退运单》（见表3-10），经配电运检室主管专责审核后报调控中心，履行相关停运审批手续，设备方可退出运行。退运的无线终端应将终端上的SIM卡应取回，交配电运检室主管专责。

表3-10　　　　配电自动化终端退运单（参考）

<table>
<tr><td colspan="6">编号：</td></tr>
<tr><td rowspan="4">配电运检室</td><td>退运终端</td><td colspan="4"></td></tr>
<tr><td>退运日期</td><td colspan="4"></td></tr>
<tr><td>退运原因</td><td colspan="4"></td></tr>
<tr><td>填报人</td><td></td><td>审核人</td><td colspan="2"></td></tr>
<tr><td>运维检修部</td><td>审核人</td><td></td><td>批准人</td><td colspan="2"></td></tr>
<tr><td rowspan="5">电力调度
控制中心</td><td rowspan="3">自动化</td><td>画面删除</td><td colspan="3"></td></tr>
<tr><td>库删除</td><td colspan="3"></td></tr>
<tr><td>修改人</td><td></td><td>修改日期</td><td></td></tr>
<tr><td rowspan="2">调度</td><td>画面检查</td><td colspan="3"></td></tr>
<tr><td>检查人</td><td></td><td>检查日期</td><td></td></tr>
</table>

（3）配电自动化终端运维班组按照月度对设备退运情况进行统计，详细记录设备的退运时间、退运原因、设备流向，统计数据体现在月度运行分析报告中，按时上报配电运检室配网运行主管。

（4）配电自动化终端设备永久退运后应由配电自动化终端运维班组进行鉴定，鉴定结果经运检部审核，符合报废条件的履行设备报废手续。

3.3.3 设备台账管理

1. 台账资料管理要求

（1）运行资料管理是配电自动化终端设备运行管理的基础，应由专人负责管理，统一发布并定期核对配电自动化终端设备的软件版本、软件校验码，确保资料的及时性、准确性、完整性、唯一性，并及时进行更新。

（2）配电自动化终端运行资料管理应结合生产管理系统（PMS）进行，在生产管理系统（PMS）中建立终端设备的台账（卡）、设备缺陷、测试数据等记录，实现资料管理的规范化与标准化。

（3）配电自动化终端运维单位应在设备投运、退役或变更后三个工作日内在生产管理系统（PMS）中完成台账更新工作，运维检修部每隔半年对设备台账等进行抽查。

2. 台账资料涵盖内容

（1）新设备投运（见表3－11）时主要包括如下安装施工设计资料。

表3－11　新设备投运资料（参考）

序号	台账资料内容
1	一、二次施工图、竣工图、设计变更等
2	设备产品资料，包括产品技术说明书、使用说明书、合格证、出厂试验报告等
3	现场交接试验报告，包括TV、TA试验报告、终端设备“三遥”测试报告等
4	配电自动化终端定值表
5	现场安装的接线图、原理图和调试记录等

（2）设备巡视记录、缺陷记录、故障处理记录及设备检验、检测记录等。

3. 台账管理要求

（1）运行资料应由专人负责管理，应保证资料齐全、准确、及时更新。

（2）设备运维部门及上级主管部门应定期对设备运行资料进行检查与考核。

3.3.4 设备标识管理

（1）配电终端设备的标识，应符合电力安全工作规程要求，保证电力安全运行需要。

（2）所有已投运的配电终端设备应具有正确齐全的设备标识，配电终端设备与一次设备编号对应。

（3）标识规范应按照相关技术规范要求执行。

（4）新建和改造的配电终端设备应在投运前完善相关的标识。设备的现场标识牌、警示牌应完好、齐全、清晰、规范，装设位置明显、直观，缺损时应及时补充和恢复。

3.4 运行评价

配电自动化运行评价，主要用于衡量和评价配电自动化系统的应用水平和运行管理水平，对配电自动化工作进行考核管理。配电自动化运行评价主要包括以下几项指标。

1. 配电自动化覆盖率

配电自动化覆盖率=安装有配电自动化设备的配电线路数/配电自动化线路数×100%

指标统计方法：

定期统计一段时间内配电自动化的覆盖率，分析该区域配电自动化建设情况。

2. 配电自动化有效覆盖率

配电自动化有效覆盖率=配电自动化设备安装节点或密度符合的配电线路数/配电自动化线路数×100%

指标统计方法：定期统计一段时间内配电自动化的有效覆盖率，分析该地区自动化建设情况，同时作为附属指标分析配电自动化设备的应用情况。

3.4.1 配电自动化终端

1. 终端在线率

终端在线率=Σ每个终端在线时间累计/（终端数量×统计期时间）×100%

指标统计方法：定期统计一段时间内配电自动化终端在线率情况并进行分析。对于异常变化的终端在线率，分析原因并进行记录。

2. 遥控使用率

遥控使用率=遥控次数/所有三遥开关变位总次数×100%

指标统计方法：定期统计一段时间内三遥开关变位次数和变位明细，遥控次数和遥控明细，计算遥控使用率，并进行分析。

3. 遥控成功率

遥控成功率=遥控成功次数（匹配 SOE）/总的遥控次数×100%

指标统计方法：

定期统计一段时间内遥控次数和遥控明细，统计遥控成功次数和遥控失败次数，计算各地市遥控成功率，并进行分析，分析遥控失败原因和对应消缺方法。

4. 遥信动作正确率

遥信动作正确率=设备遥信动作且SOE匹配次数/（设备遥信动作次数+设备丢失遥信动作次数）×100%

指标统计方法：

定期统计一段时间内配电自动化指标的离线数据文件，通过离线数据指标计算工具，计算遥信动作正确率，根据计算结果进行分析，发现问题并解决。

5. 遥测正确率

遥测正确率=正确的遥测数量/遥测总数量×100%

指标统计方法：

定期抽取配电自动化主站系统中的遥测截图，统计一定数量的遥测量，分析遥测是否合理正确，计算遥信动作正确率，根据计算结果进行分析，发现问题并解决。

6. FA动作正确率

FA动作正确率=FA正确动作次数/FA动作总次数×100%

指标统计方法：

定期统计一段时间内公司FA动作次数和明细，分析FA正确动作的次数，形成报表并进行记录。

7. 消缺及时率

消缺及时率=按期消缺的危急严重缺陷数量/发现的危急严重缺陷数量×100%

指标统计方法：

通过查看配电自动化Web中事件记录及遥测曲线，抽查分析配电自动化终端的故障情况，从PMS中的缺陷管理模块查找相应缺陷处理记录，统计分析消缺及时率指标情况。

8. 终端动作正确率

终端动作正确率=故障馈线上正确动作的终端数量/故障馈线上终端总数量×100%

指标统计方法：

通过查看配电自动化Web中事件记录、遥信信息，结合FA动作及现场实际故障查找情况，分析配电自动化终端是否正确动作，统计分析终端动作正确率指标情况。

3.4.2 配电线路故障指示器

1. 故障报警正确率

遥信动作正确率=（正确动作次数）/（误动次数+正确动作次数）×100%

指标统计方法：（误动、拒动）

定期统计发生故障时故障点到跳闸点之间故障指示器采集单元动作正确的次数。15min 内，单个采集单元误动次数大于 1 时，数量计为 1。

2. 研判正确率

研判正确率=（研判有效次数/短路故障总次数）×100%

定期统计短路故障时，正确指示出故障线路的故障指示器正确率。故障后，若主站研判的故障区段大于实际故障区段，但实际故障段仍在研判区段内，当作研判正确，故指研判正确次数计 1。

3. 在线率

故障指示器在线率=（故障指示器在线时长）/（故障指示器在线时长+故障指示器离线时长）×100%

指标统计方法：

定期统计一段时间内故障指示器汇集单元在线率情况并进行分析。对于异常变化的在线率，分析原因并进行记录。

缺陷分类及消缺要求

配电自动化系统缺陷的分类方法主要有按照缺陷来源分类和按照缺陷产生的影响分类两种方法。

按照缺陷来源分类，配电自动化系统缺陷可以分为配电主站缺陷、配电通信缺陷和配电自动化终端缺陷。

按照缺陷产生的影响分类，配电自动化系统缺陷可以分为紧急缺陷、重要缺陷和一般缺陷。

本书结合两种分类方法，对配电自动化系统缺陷做如下划分。

4.1 紧急缺陷

紧急缺陷是指威胁人身或设备安全，严重影响设备运行、使用寿命及可能造成自动化系统失效，危及电力系统安全、稳定和经济运行，必须立即进行处理的缺陷。

配电主站引起的紧急缺陷主要包括：配电主站故障停用或主要监控功能失效；调控台全部监控工作站故障停用；配电主站专用 UPS 电源故障；配电主站引起的开关误动。

通信系统引起的紧急缺陷主要包括：配电通信系统主站侧设备故障；主干网光缆或传输设备中断。

配电自动化终端及一次设备引起的紧急缺陷主要包括：一次设备开关误动。

4.2 重要缺陷

重要缺陷是指对设备功能、使用寿命及系统正常运行有一定影响或可能发展成为紧急缺陷，但允许其带缺陷继续运行或动态跟踪一段时间，必须限期安排进行处理的缺陷。

配电主站引起的重要缺陷主要包括：配电主站重要功能失效或异常；配电主站引起的对调控员监控、判断有影响的重要遥测量、遥信量故障；配电主站核心设备（数据服务器、SCADA 服务器、前置服务器、GPS 天文时钟）单机停用、单网运行、单电源运行；图模、拓扑与现场实际情况不一致；配电主站引起的全自动馈线自动化故障动作错误。

通信系统引起的重要缺陷主要包括：OLT 光模块故障；OLT 尾纤、ONU 光模块故障；分光器故障。

配电自动化终端及一次设备引起的重要缺陷主要包括：配电自动化终端故障导致离线运行；配电自动化终端引起的对调控员监控、判断有影响的重要遥测量不准、遥信量不正确；配电自动化终端引起的全自动馈线自动化故障动作错误；终端存在信息频繁误报；等等。

4.3 一般缺陷

一般缺陷是指对人身和设备无威胁，对设备功能及系统稳定运行没有立即、明显的影响，且不至于发展成为重要缺陷，应结合检修计划尽快处理的缺陷。

主要包括如下内容。

配电主站引起的一般缺陷主要包括：配电主站除核心主机外其他设备的单网运行；配电主站引起的交互式馈线自动化故障分析或动作策略错误；配电主站引起的一般遥测量、遥信量故障。

通信系统引起的一般缺陷主要包括：ONU 收光不稳定误码过大；ONU 缺省路由丢失；ONU 设备温度过高光路倒换失败引起 ONU 掉点。

配电自动化终端及一次设备引起的重要缺陷主要包括：遥控操作失败；配电自动化终端引起的一般遥测量不准、遥信量不正确；配电自动化终端引起的交互式馈线自动化故障分析或动作策略错误。

配电自动化系统缺陷处理响应时间及要求如下。

（1）紧急缺陷：发生此类缺陷时运行维护单位必须在 24h 内消除缺陷。

（2）重要缺陷：发生此类缺陷时运行维护单位必须在 5 个工作日内消除缺陷。

（3）一般缺陷：发生此类缺陷时运行维护单位应列入检修计划尽快处理。

（4）当发生的缺陷威胁到其他系统或一次设备正常运行时，必须在第一时间采取有效的安全技术措施进行隔离。

（5）缺陷消除前，设备运行维护单位应对该设备加强监视，防止缺陷升级。

成套设备典型缺陷及消缺方法

根据成套设备（含终端和开关本体）的缺陷种类，将缺陷分为安装问题、主站问题、线路问题、设备问题、参数问题、接线问题、通信问题、对时问题、环境问题、运输问题和高阻问题故障11大类，具体细类及消缺方法见表5-1。

表5-1　　　成套设备典型缺陷及消缺方法汇总表

序号	故障大类	故障细类	消缺方法
1	安装问题	（1）实际安装位置与图模不一致； （2）航空插头处电流短路环未拔掉、导线位置接错等； （3）导线接触不良、TV熔丝搭接不良等接触不良情况； （4）成套设备采样模块安装错误； （5）由于安装工艺、安装方式错误导致成套设备结构或功能损坏； （6）设备遥控压板未投入； （7）其他安装问题	（1）重新安装设备或修改图模； （2）将航插处的电流短路环拔掉，重新接线； （3）重新接线； （4）重新安装采样模块； （5）更换受损模块或设备，同时改进安装工艺和安装方式，避免出现暴力安装； （6）重新投入遥控压板； （7）其他解决方法
2	主站问题	（1）配电自动化主站系统参数配置错误或缺陷； （2）配电自动化主站通道表配置出现异常，导致终端频繁上下线； （3）配电自动化主站前置服务器故障导致大批量设备退出离线	（1）上报配电自动化主站运维人员重新配置系统参数； （2）上报配电自动化主站运维人员更换通道； （3）上报配电自动化主站运维人员重启并升级前置机
3	线路问题	（1）TA电磁兼容性不满足要求； （2）TA饱和阈值过低，故障时，故障电流超限，成套设备未采集到正确的故障电流	（1）更换TA； （2）更换TA

续表

序号	故障大类	故障细类	消缺方法
4	设备问题	（1）终端二次回路（遥控、遥信、电压、电流回路）导线故障； （2）现场储能未到位，导致遥控执行失败； （3）开关的固有分合时间过长； （4）TA、TV 损坏； （5）一次设备损坏； （6）终端损坏； （7）指示灯损坏； （8）终端死机； （9）超级电容、后备电源电池老化或故障； （10）设备内部出现凝露，导致设备线路、结构腐蚀	（1）更换遥控回路受损模块； （2）手动储能，调试储能； （3）更换开关； （4）更换 TA、TV； （5）更换一次设备； （6）更换终端； （7）更换指示灯； （8）重启终端； （9）更换超级电容，活化或更换电池； （10）清除凝露，增强设备密闭性
5	参数问题	（1）终端防抖参数配置不合理； （2）终端遥信取反配置错误； （3）终端励磁涌流躲避功能的延时配置不合理； （4）终端设置的短时上送 SOE 条数上限值不合理，当条数超过上限时，存储溢出导致事件丢失设备主动屏蔽； （5）终端遥控加密配置错误、秘钥对选择错误； （6）终端变比配置错误等； （7）终端遥信、遥测阈值设置过小，终端数据频繁上传主站导致信道堵塞； （8）终端通信参数配置（IP、公共地址、波特率、端口号等）错误或重复，导致终端无法正常运行； （9）成套设备采集模块电流采样误差大； （10）终端零序保护定值配置不合理； （11）终端点表点号配置错误，遥测、遥信、遥控点号未与实际点号一一对应； （12）终端不具备招标规范中规定的功能（如无短路、接地、防抖、防励磁涌流、过负荷误告警、重发数据等功能）	（1）重新配置参数； （2）重新配置参数； （3）重新配置参数； （4）修改参数，上调 SOE 条数上限或不设置上限； （5）重新下载秘钥、加密文件； （6）重新配置变比； （7）重新配置遥信、遥测阈值，降低上传频率； （8）重新配置通信参数； （9）重新校准采集模块遥测精度； （10）按照实际线路重设保护定值； （11）重新配置点表。设备正式投运前，必须全遥信、全遥测、全遥控的自动化传动验收； （12）升级程序或更换模块
6	接线问题	（1）电流回路的二次线接触不良或断线； （2）TV 二次线接触不良或断线； （3）其他接线问题	（1）～（3）重新接线
7	通信问题	（1）通信导线破损或受剧烈挤压，导致信号传输变差； （2）安装区域位于无信号或号弱信区，或位于两通信基站交汇处导致设备频繁切换与基站的通信连接； （3）光信号太强或太弱，导致成套设备与主站信息传递不稳定； （4）2G 无线通信模块速率过低，无法满足终端与主站的数据交换； （5）无线模块通信协议问题； （6）无线模块天线较短导致信号差； （7）无线模块硬件损坏； （8）SIM 卡未装、SIM 卡欠费、SIM 被注销、SIM 卡未开通数据服务等； （9）主站至变电站 OLT，或变电站至设备 ONU 光路断开； （10）ONU 故障	（1）按照标准要求制作网线，同时选择良好侧走线路径，避免网线或数据线被挤压划伤影响数据传输； （2）重新选择安装位置或更改通信方式，同时修改图模，或联系运营商提高增加基站数量； （3）若光信号较强，可加装光衰器；若光信号较弱，可加装光信号增强器； （4）更换为 3G 或 4G 无线模块； （5）升级无线模块； （6）更换为长天线无线模块； （7）更换无线模块； （8）重新安装 SIM 卡、充值话费、联系通信服务商确认通信数据服务情况，必要时更换 SIM 卡； （9）协调信通技术员消缺； （10）重启或更换 ONU

续表

序号	故障大类	故障细类	消缺方法
8	对时问题	（1）对时错误； （2）终端对时功能不满足	（1）通过主站重新给成套设备对时； （2）升级终端软件
9	环境问题	（1）运行时，由于短路、接地等电力系统内部的故障导致设备结构击穿损坏； （2）运行时，由于自然灾害（台风、雷击、泥石流、洪水、污秽等）问题导致的设备结构损坏	（1）更换受损模块或整体； （2）更换受损模块或整体，排查安装环境是否易发生自然灾害，必要时可更换安装点
10	运输问题	安装前，包装、装卸、运输等原因导致成套设备结构损坏	更换受损模块或整体。包装、装卸、运输时要避免剧烈晃动、倒置、碰撞、挤压等问题，成套设备间要加装防护垫
11	高阻问题	零序电流幅值过低，难以检测	无须更换设备

5.1 短路故障信号误报

1. 缺陷描述

在配电自动化终端所监测线路实际未发生短路情况下，主站显示短路故障信号。

2. 原因分析

（1）安装问题。

1）实际安装位置与图模不一致。

2）成套设备采样模块安装错误，导致采样电流偏大。

（2）参数问题。

1）终端变比配置错误。

2）成套设备采集模块电流采样误差大。

3）终端点表点号配置错误，遥信点号未与实际点号一一对应。

（3）主站问题。配电自动化主站系统参数配置错误或缺陷。

（4）线路问题。TA 电磁兼容性不满足要求。

（5）终端不具备招标规范中规定的防励磁涌流功能。

3. 对应消缺方法

（1）安装消缺方法主要包括：

1）重新安装设备或修改图模。

2）重新安装采样模块。

（2）参数消缺方法主要包括：

1）重新配置变比。

2）重新校准采集模块遥测精度。

3）重新配置点表。设备正式投运前，必须全遥信、全遥测、全遥控的自动化传动验收。

（3）上报配电自动化主站运维人员重新配置系统参数。

（4）更换 TA。

（5）升级程序或更换模块。

4. 相关案例

案例 1：误报短路故障信号案例（一）

（1）缺陷表象。

2016 年 11 月 10 日 18:20 某供电公司某柱上开关合闸后，终端上报短路故障信号。经运行人员现场排查确认，该线路未发生短路故障。

（2）缺陷分析查找。

根据以下特征：

1）通过主站查询负荷电流值，三相电流为 41A 左右，其中下游的故障指示器负荷电流值为 40A 左右，相差不大，排除主站和线路问题。

2）通过主站查询短路故障电流阈值为 50A。

判断为短路故障信号定值配置偏小。

（3）缺陷处理。

缺陷发生后，运行人员检查终端短路故障定值，并将配置错误的定值改正。此后，未在见该终端误报短路故障信号。

案例 2：误报短路故障信号案例（二）

（1）缺陷表象。

2016 年 3 月 6 日 16:21 某供电公司某馈线发生短路故障，配电自动化主站显示 21 号及其上游的 23 号两台成套设备均上报短路故障报警，遂安排抢修人员前往现场巡视排查故障。现场反馈 21 号、23 号成套设备跳闸，并确认位于 21 号成套设备负荷侧的导线发生短路故障，如图 5－1 所示。根据现场反馈情况，确认 23 号成套设备误报短路故障信号。

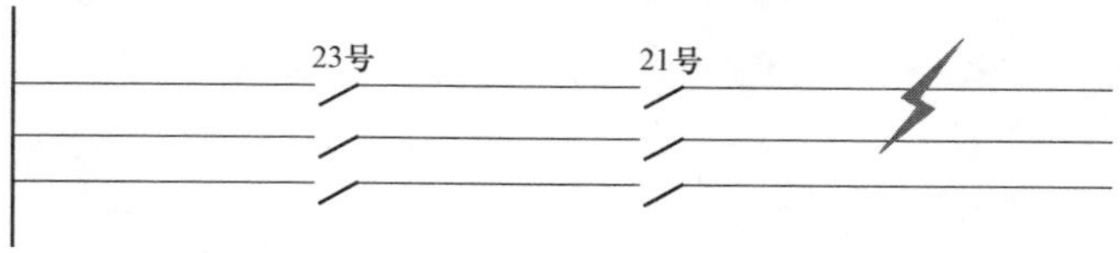

图 5－1　误报短路故障案例（二）示意图

（2）缺陷分析查找。

1）调取主站记录数据，发现同一时间其他配电终端正常工作，未发现由于主站内设备故障导致的大规模群体性故障，且通信正常，排除主站问题。

2）查看该成套设备的点表及定值配置，并结合同条线路其他终端的电流遥测信息，未发现异常情况，排除点表和定值问题。

3）现场查看设备安装位置，并与主站图模比对，未发现异常，排除安装问题。

4）主站显示21号成套设备在16:21:05，23号成套设备在16:21:07上报短路故障，二者应属于同一次故障引起的告警。现场调取23号支2成套设备控制器的相关历史记录，发现该控制器确实检测到了故障电流，检查发现涌流抑制功能未投入。

根据配电自动化主站及现场检测分析，怀疑由于23号成套设备的涌流抑制功能未投入，导致误报短路故障信号。

（3）缺陷处理。

缺陷发生后，运维人员赶到现场，将23号成套设备的涌流抑制功能投入，缺陷处理结束，之后，该设备未发现此类故障。

5.2 接地故障信号误报

1. 表象表述

在配电自动化终端未实际发生故障时，终端误报接地故障信号，导致用户停电。

（1）安装问题。

1）实际安装位置与图模不一致。

2）成套设备采样模块安装错误，导致采样电流偏大。

（2）参数问题。

1）终端变比配置错误。

2）成套设备采集模块电流采样误差大。

3）终端点表点号配置错误，遥信点号未与实际点号一一对应。

（3）主站问题。配电自动化主站系统参数配置错误或缺陷。

（4）线路问题。TA电磁兼容性不满足要求。

（5）参数问题。终端不具备招标规范中规定的防励磁涌流功能。

2. 对应消缺方法

（1）安装消缺方法主要包括：

1）重新安装设备或修改图模。

2）重新安装采样模块。

（2）参数消缺方法主要包括：

1）重新配置变比。

2）重新校准采集模块遥测精度。

3）重新配置点表。设备正式投运前，必须全遥信、全遥测、全遥控的自动化传动验收。

（3）上报配电自动化主站运维人员重新配置系统参数。

（4）更换 TA。

（5）升级程序或更换模块。

3. 相关案例

案例 3：误报接地故障信号案例（一）

（1）缺陷表象。2015 年 9 月 11 日，某供电公司用户分界负荷开关 YK00098 开关接地保护动作，并开关跳闸，用户停电，见图 5－2。

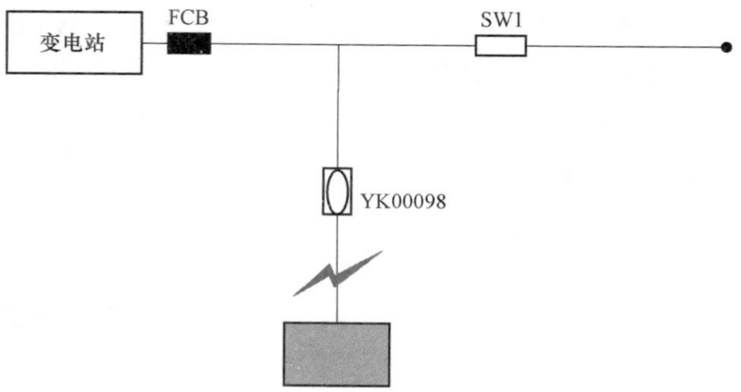

图 5－2　定值设置错误的配电自动化终端接地故障告警误报的接线图

（2）缺陷分析查找。该用户处于小电流接地系统，通过现场终端定值查看，用户内部电缆线路较多，发现零序保护定值比实际线路定值范围要小，区外故障时，本分界开关控制器频繁误报接地故障信号及跳闸。

（3）缺陷处理。按照用户线路长度修改该分界开关控制器零序保护定值，并进行定值调整。

案例 4：误报接地故障信号案例（二）

（1）缺陷表象。2016 年 2 月 26 日某供电公司配电自动化主站巡视人员反馈某线 15 号开关误报接地故障信号，此线路未发生接地故障，该线路所在的母线另一条线路发生了接地故障，故障点已经确定。

（2）缺陷分析查找。

1）现场工作人员通过终端维护软件连接终端，调取 SOE 发现该设备确实上报接地故障信号信息，动作电流超过整定值。

2）现场检查该开关负荷有变化，由原来的 1 台变压器增加到了 3 台变压器，而且电缆增加了约 210m。

根据以上情况判断，此缺陷是由于负荷变化未及时调整保护定值导致误报上传接地故障信号。

（3）缺陷处理。

缺陷发生后，现场运维人员根据线路负荷及电缆变化情况，依据保护整定原则，重新调整接地保护定值，该缺陷消除。

5.3 开关变位信号误报

1. 缺陷描述

在终端实际未发生变位时，主站收到开关变位信息。

2. 原因分析

（1）参数问题。

1）终端防抖参数配置不合理。

2）终端点表点号配置错误，遥信点号未与实际点号一一对应。

3）终端不具备防抖功能。

（2）主站问题。配电自动化主站系统参数配置错误或缺陷。

（3）设备问题。超级电容、后备电源电池老化或故障。

3. 对应消缺方法

（1）重新配置参数，重新配置点表，升级程序或更换模块。

（2）上报配电自动化主站运维人员重新配置系统参数。

（3）更换超级电容，活化或更换电池。

4. 相关案例

案例 5：误报开关变位信号案例（一）

（1）缺陷表象。2015 年 6 月 11 日，某供电公司对一成套设备开展遥控分闸操作，配电自动化主站收到某成套设备上送大量遥信，主站显示开关为分位，现场核查后，发现一次设备未分闸成功。确认该成套设备误报开关变位信号。

（2）缺陷分析查找。

1）通过主站与现场核查，发现该成套设备防抖参数、点表、主站参数，正常，且设备具备防抖功能。排除主站和通信问题。

2）经现场核查，该设备的蓄电池电压为 DC 32V，小于 DC 48V。

经分析，原因是开关的分合闸操作需 DC 48V 直流电源，在失去外部电源供电的情况下，由后备电池提供。但经长年使用，后备电池已严重老化，电池组电压下降，连带将系统 DC 48V 电源电压拉低降至 DC 32V 左右，在这种情况下，出现遥信误报情况。

（3）缺陷处理。运维人员到达现场后，更换超期服役的蓄电池，缺陷消除，未再发生此类故障。

案例6：误报开关变位信号案例（二）

（1）缺陷表象。2017年7月25日，某供电公司某馈线35号分界开关上报开关分闸信号，此设备无开关操作记录，遂安排自动化人员前往现场消缺，现场人员调取终端SOE记录发现，二次终端确有开关变位信息，且受潮严重。根据现场反馈情况，确认该设备发生误报开关变位信号。

（2）缺陷分析查找。

1）现场运维人员前往现场调取SOE记录，发现确实有遥信变位信号，设备其他功能正常运行。

2）现场观察自动化设备运行环境，设备二次端子排有许多凝露（见图5－3），自动化防凝露措施不完善，凝露沾在二次端子排上，存在遥信回路短路的隐患。

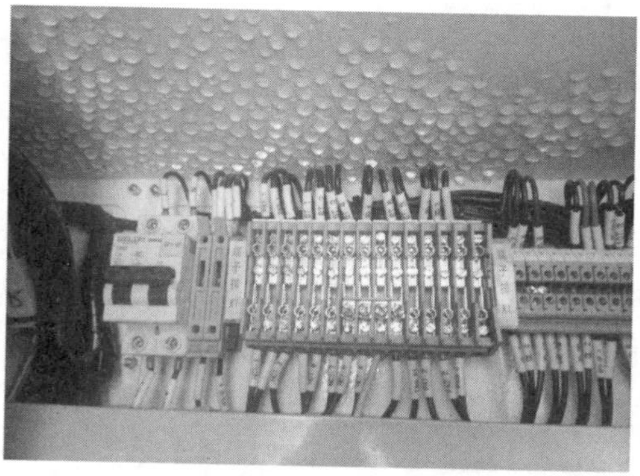

图5－3　现场设备凝露严重

（3）缺陷处理。

缺陷发生后，运维人员到达现场后，发现自动化设备凝露严重，二次线端子附有水珠，遂联系施工队，对自动化设备进行防凝露处理，安装防凝露风扇，并擦拭二次端子排水珠，设备恢复正常。

5.4 软遥信信号误报

1. 缺陷描述

终端上报错误软遥信信号至配电自动化主站系统。

2. 原因分析

（1）参数问题。

1）终端遥信取反配置错误。

2）终端点表点号配置错误，遥测、遥信、遥控点号未与实际点号一一对应。

3）终端防抖参数配置不合理。

（2）设备问题。超级电容、后备电源电池老化或故障。

3. 对应消缺方法

（1）重新配置参数、点表。设备正式投运前，必须全遥信、全遥测、全遥控的自动化传动验收。

（2）更换超级电容，活化或更换电池。

4. 相关案例

案例 7：误报软遥信信号案例（一）

（1）缺陷表象。2017 年 2 月 20 日 15:50，某供电公司对某柱上开关遥控送电过程中，无法执行遥控操作。

（2）缺陷分析查找。

1）运维人员对电源的检查，确定工作电源及后备电源无问题。

2）运维人员对参数进行检查，发现交流失电和蓄电池电压低两个遥信，在终端参数中遥信取反配置有误。

因此，参数问题导致终端误报软遥信。

（3）缺陷处理。缺陷发生后，现场运行人员组织终端厂家对终端参数中遥信取反配置进行修正。参数修正后，配电自动化主站系统可以正常执行遥控操作。此后，未在见该终端误报软遥信。

案例 8：误报软遥信信号案例（二）

（1）缺陷表象。2016 年 7 月 5 日至 12 日，某供电公司某馈线 26 号分段开关多次出现过负荷告警，次数达 26 次。

（2）缺陷分析查找。

1）通过配电自动化主站查看该开关的负荷电流曲线，最大负荷达到 256A。

2）查看该开关保护定值单，过负荷告警设定为 240A。

3）初步判断负荷过重，超过定值导致过负荷保护多次动作复归。

（3）缺陷处理。现场运维人员现场读取终端实时数据，实时电流 251A，读取保护定值信息，终端显示过负荷保护定值 240A。过负荷保护定值设定偏小，导致了过负荷告警动作。经调查，该开关增加过负荷，但未进行定值修改。经过与定值管理部门汇报后，重新修改过负荷定值，根缺陷消除。

5.5 短路故障告警信号丢失

1. 缺陷描述

线路有实际发生短路的情况下，终端未向主站上报短路故障信号。

2. 原因分析

（1）参数问题。

1）终端遥信取反配置错误。

2）终端励磁涌流躲避功能的延时配置不合理。

3）终端设置的短时上送 SOE 条数上限值不合理，当条数超过上限时，存储溢出导致事件丢失设备主动屏蔽。

4）终端遥信、遥测阈值设置过小，终端数据频繁上传主站导致信道堵塞。

5）终端通信参数配置（IP、公共地址、波特率、端口号等）错误或重复，导致终端无法正常运行。

6）终端点表点号配置错误，遥测、遥信、遥控点号未与实际点号一一对应。

（2）通信问题。

1）通信导线破损或受剧烈挤压，导致信号传输变差。

2）无线模块硬件损坏。

3）SIM 卡未装、SIM 卡欠费、SIM 被注销、SIM 卡未开通数据服务等。

4）主站至变电站 OLT，或变电站至设备 ONU 光路断开。

5）ONU 故障。

（3）对时问题。对时错误，导致数据无法与实际故障匹配。

（4）主站问题。主站系统配置错误或缺陷。

（5）线路问题。

1）TA 电磁兼容性不满足要求。

2）TA 饱和阈值过低，故障时，故障电流超限，成套设备未采集到正确的故障电流。

（6）设备问题。

1）终端二次回路（遥控、遥信、电压、电流回路）导线故障。

2）TA、TV 损坏。

3）一次设备损坏。

4）终端损坏。

5）终端死机。

6）超级电容、后备电源电池老化或故障。

7）设备内部出现凝露，导致设备线路、结构腐蚀。

3. 对应消缺方法

（1）参数消缺方法依次为：

1）重新配置参数。

2）重新配置参数。

3）重新下载秘钥、加密文件。

4）重新配置遥信、遥测阈值，降低上传频率。

5）重新配置通信参数。

6）重新配置点表。

（2）通信消缺方法依次为：

1）按照标准要求制作网线，同时选择良好侧走线路径，避免网线或数据线被挤压划伤影响数据传输。

2）更换无线模块。

3）重新安装 SIM 卡、充值话费、联系通信服务商确认通信数据服务情况，必要时更换 SIM 卡。

4）协调信通技术员消缺。

5）重启或更换 ONU。

（3）通过主站重新给成套设备对时。

（4）上报配电自动化主站运维人员重新配置系统参数。

（5）更换 TA。

（6）设备消缺方法依次为：

1）更换遥控回路受损模块。

2）更换 TA、TV。

3）更换一次设备。

4）更换终端。

5）重启终端。

6）更换超级电容，活化或更换电池。

7）清除凝露，增强设备密闭性。

4. 相关案例

案例 9：短路故障告警信号丢失案例（一）

（1）缺陷表象。某馈线上从上游到下游依次有 95 号柱上开关、96 号分段开关。2015 年 8 月 20 日 20:35 某供电公司该馈线发生短路故障，主站判定故障区间为 96 号柱上开关与 95 号分段开关间短路。经过抢修人员现场排查，确定实际故障点位于 96 号分段开关下游，96 号柱上开关漏报短路故障。

（2）缺陷分析查找。

1）通过主站召唤 96 号柱上开关遥测和遥信参数，并验证历史故障 SOE 与

COS 数据，未发现异常。排除通信、主站和对时问题。

2）经过对此终端的定值及其他参数检查，发现其励磁涌流躲避功能的延时过大，造成终端不能正确判断出故障。

因此，参数问题导致终端短路故障信号丢失。

（3）缺陷处理。

缺陷发生后，运维人员修正躲励磁涌流默认参数。此后，未在见该终端短路故障信号丢失。

案例 10：短路故障告警信号丢失案例（二）

（1）缺陷表现。某馈线上从上游到下游依次有 16 号、18 号与 19 号三台分段开关。2017 年 3 月 4 日 13:54 某供电公司该馈线 18 号、19 号分段开关间发生短路故障，主站显示 16 号分段开关与 19 号分段开关区域发生故障，但未收到 18 号分段开关上传短路故障信号。确认 18 号分段开关短路故障丢失。

（2）缺陷分析查找。根据主站遥信、遥测历史记录以及现场 SOE 记录及报文分析。

1）18 号确未上传故障报警信号。

2）18 号设备确已在线。

3）总召数据，发现设备不回复总召数据。

4）现场通过维护软件，调取 SOE 记录发现确有短路故障信号。

5）现场作遥信变位后查看报文，设备与主站无报文通信，且总召不回，现场设备与主站有数据交换，导致现场短路故障丢失后，终端未响应主站的总召命令。

怀疑由于通信问题造成短路信号告警丢失。

（3）缺陷处理。缺陷发生后，现场运维人员通过维护软件调取 SOE 记录发现设备本身有短路故障信号。现场设备与主站在线仅有心跳报文，不响应总召命令，导致短路故障信号无法上报主站，遂联系厂家人员查看现场设备，经升级现场设备程序后，设备通信连接正常，未再发生类似故障。

5.6 接地故障告警信号丢失

1. 缺陷表述

线路有实际发生接地的情况下，终端未向主站上报接地故障信号。

2. 原因分析

（1）参数问题。

1）终端遥信取反配置错误。

2）终端励磁涌流躲避功能的延时配置不合理。

3）终端设置的短时上送 SOE 条数上限值不合理，当条数超过上限时，存储溢出导致事件丢失设备主动屏蔽。

4）终端遥信、遥测阈值设置过小，终端数据频繁上传主站导致信道堵塞。

5）终端通信参数配置（IP、公共地址、波特率、端口号等）错误或重复，导致终端无法正常运行。

6）终端点表点号配置错误，遥测、遥信、遥控点号未与实际点号一一对应。

（2）通信问题。

1）通信导线破损或受剧烈挤压，导致信号传输变差。

2）无线模块硬件损坏。

3）SIM 卡未装、SIM 卡欠费、SIM 被注销、SIM 卡未开通数据服务等。

4）主站至变电站 OLT，或变电站至设备 ONU 光路断开。

5）ONU 故障。

（3）对时问题。对时错误，导致数据无法与实际故障匹配。

（4）主站问题。主站系统配置错误或缺陷。

（5）线路问题。

1）TA 电磁兼容性不满足要求。

2）TA 饱和阈值过低，故障时，故障电流超限，成套设备未采集到正确的故障电流。

（6）设备问题。

1）终端二次回路（遥控、遥信、电压、电流回路）导线故障。

2）TA、TV 损坏。

3）一次设备损坏。

4）终端损坏。

5）终端死机。

6）超级电容、后备电源电池老化或故障。

7）设备内部出现凝露，导致设备线路、结构腐蚀。

（7）高阻问题。

零序电流幅值过低，难以检测。

3. 对应消缺方法

（1）参数消缺方法依次为：

1）重新配置参数。

2）重新配置参数。

3）重新下载秘钥、加密文件。

4）重新配置遥信、遥测阈值，降低上传频率。

5）重新配置通信参数。

6）重新配置点表。

（2）通信消缺方法依次为：

1）按照标准要求制作网线，同时选择良好侧走线路径，避免网线或数据线被挤压划伤影响数据传输。

2）更换无线模块。

3）重新安装 SIM 卡、充值话费、联系通信服务商确认通信数据服务情况，必要时更换 SIM 卡。

4）协调信通技术员消缺。

5）重启或更换 ONU。

（3）通过主站重新给成套设备对时。

（4）上报配电自动化主站运维人员重新配置系统参数。

（5）更换 TA。

（6）设备消缺方法依次为：

1）更换遥控回路受损模块。

2）更换 TA、TV。

3）更换一次设备。

4）更换终端。

5）重启终端。

6）更换超级电容，活化或更换电池。

7）清除凝露，增强设备密闭性。

（7）无须更换设备。

4. 相关案例

案例 11：接地故障告警信号丢失案例

（1）缺陷表现。2017 年 5 月 5 日，某供电公司现场反馈某馈线 30 号分段开关下游发生接地故障，抢修人员在该开关以下发现故障点，但该设备无告警信息上送。

（2）缺陷分析查找。

1）自动化设备终端确未上传故障报警信号。

2）自动化终端设备近期频繁离线。

根据以上条件发现由于通信问题造成的接地故障告警信号丢失。

（3）缺陷处理。缺陷发生后，现场运维人员发现终端与通信模块通信口接触不良，导致无线通信模块频繁离线，遂更换无线通信模块，更换后设备正常上线，遥信正常上传，未再发生类似故障。

5.7 开关分合信号丢失

1. 缺陷描述

配电自动化主站系统遥控合闸操作后，现场确认开关已经合闸，但该开关合位信号未上报。

2. 原因分析

（1）参数问题。

1）终端遥信取反配置错误。

2）终端设置的短时上送 SOE 条数上限值不合理，当条数超过上限时，存储溢出导致事件丢失设备主动屏蔽。

3）终端遥控加密配置错误、秘钥对选择错误。

4）终端遥信、遥测阈值设置过小，终端数据频繁上传主站导致信道堵塞。

5）终端通信参数配置（IP、公共地址、波特率、端口号等）错误或重复，导致终端无法正常运行。

6）终端点表点号配置错误，遥测、遥信、遥控点号未与实际点号一一对应。

（2）通信问题。

1）通信导线破损或受剧烈挤压，导致信号传输变差。

2）无线模块硬件损坏。

3）SIM 卡未装、SIM 卡欠费、SIM 被注销、SIM 卡未开通数据服务等。

4）主站至变电站 OLT 或变电站至设备 ONU 光路断开。

5）ONU 故障。

6）安装区域位于无信号或弱信号区，或位于两通信基站交汇处导致设备频繁切换与基站的通信连接。

（3）对时问题。对时错误，导致数据无法与实际故障匹配。

（4）主站问题。主站系统配置错误或缺陷。

（5）设备问题。

1）终端遥信二次回路故障。

2）一次设备损坏。

3）终端损坏。

4）终端死机。

5）超级电容、后备电源电池老化或故障。

6）设备内部出现凝露，导致设备线路、结构腐蚀。

3. 对应消缺方法

（1）消缺方法依次为：

1）重新配置参数。

2）重新配置参数。

3）重新下载秘钥、加密文件。

4）重新配置遥信、遥测阈值，降低上传频率。

5）重新配置通信参数。

6）重新配置点表。

（2）通信消缺方法依次为：

1）按照标准要求制作网线，同时选择良好侧走线路径，避免网线或数据线被挤压划伤影响数据传输。

2）更换无线模块。

3）重新安装 SIM 卡、充值话费、联系通信服务商确认通信数据服务情况，必要时更换 SIM 卡。

4）协调信通技术员消缺。

5）重启或更换 ONU。

6）重新选择安装位置或更改通信方式，同时修改图模，或联系运营商提高增加基站数量。

（3）通过主站重新给成套设备对时。

（4）上报配电自动化主站运维人员重新配置系统参数。

（5）设备消缺方法依次为：

1）更换遥控回路受损模块。

2）更换一次设备。

3）更换终端。

4）重启终端。

5）更换超级电容，活化或更换电池。

6）清除凝露，增强设备密闭性。

4. 相关案例

案例 12：开关分合信号丢失（一）

（1）缺陷表象。2016 年 1 月 10 日 17:15 某供电公司某柱上开关遥控合闸操作后，现场运行人员确认该开关已经合闸，但终端未上报柱上开关的合位信号至配电自动化主站。

（2）缺陷分析查找。

1）现场运行人员对终端本地信号指示进行检查，发现终端未采集到柱上开关合位信号。由此分析，可能存在接线问题。

2）对回路进行检查，发现开关侧航插位置信号插针已断，且航插未插到位，经短接位置信号，馈线终端显示正常，基本确定为野蛮施工所致，且验收未到位。因此，接线问题导致终端开关合位信号丢失。

（3）缺陷处理。

缺陷发生后，检修人员恢复航插接线，随着开关运行状态，待到生命周期末端随改造整体更换。

案例 13：开关分合信号丢失（二）

（1）缺陷表象。

2017 年 1 月 23 日，某供电公司配电自动化主站显示某馈线 28 号分段开关分合位置与实际不一致。

（2）缺陷分析查找。

1）主站系统中显示为分位，通过电流曲线及下一级开关信息分析实际开关应为合位。运维人员到达现场后，检查 28 号杆分段开关机械指示位置在合位，FTU 装置指示灯也在合位。FTU 分合闸指示与机械指示位置一致，进一步查看 FTU 相关配置。

2）使用维护软件连接该 FTU，检查该终端的通信参数设置。发现该开关的开关位置遥信为 9 号点，对比标准点表发现实际应该配置为 8 号点。现场点号配置错误，9 号点为备用点号。

（3）缺陷处理。

确认遥信点号配置错误，运维人员做好安全措施，重新下载点表。检查点表无误后恢复正常运行。使用模拟开关进行变位操作，此时主站与现场开关显示开关位置一致，缺陷消除。

5.8 SOE 丢失

1. 缺陷描述

主站收到终端上送带时标的 SOE 事件记录条数少于实际事件数。

2. 原因分析

（1）参数问题。

1）终端遥信取反配置错误。

2）终端设置的短时上送 SOE 条数上限值不合理，当条数超过上限时，存储溢出导致事件丢失设备主动屏蔽。

3）终端遥控加密配置错误、秘钥对选择错误。

4）终端遥信、遥测阈值设置过小，终端数据频繁上传主站导致信道堵塞。

5）终端通信参数配置（IP、公共地址、波特率、端口号等）错误或重复，导致终端无法正常运行。

6）终端点表点号配置错误，遥测、遥信、遥控点号未与实际点号一一对应。

（2）通信问题。

1）通信导线破损或受剧烈挤压，导致信号传输变差。

2）无线模块硬件损坏。

3）SIM 卡未装、SIM 卡欠费、SIM 被注销、SIM 卡未开通数据服务等。

4）主站至变电站 OLT，或变电站至设备 ONU 光路断开。

5）ONU 故障。

6）安装区域位于无信号或弱信号区，或位于两通信基站交汇处导致设备频繁切换与基站的通信连接。

（3）对时问题。对时错误，导致数据无法与实际故障匹配。

（4）主站问题。主站系统配置错误或缺陷。

（5）设备问题。

1）终端遥信二次回路故障。

2）一次设备损坏。

3）终端损坏。

4）终端死机。

5）超级电容、后备电源电池老化或故障。

6）设备内部出现凝露，导致设备线路、结构腐蚀。

3. 对应消缺方法

（1）参数消缺方法依次为：

1）重新配置参数。

2）重新配置参数。

3）重新下载秘钥、加密文件。

4）重新配置遥信、遥测阈值，降低上传频率。

5）重新配置通信参数。

6）重新配置点表。

（2）通信消缺方法依次为：

1）按照标准要求制作网线，同时选择良好侧走线路径，避免网线或数据线被挤压划伤影响数据传输。

2）更换无线模块。

3）重新安装 SIM 卡、充值话费、联系通信服务商确认通信数据服务情况，必要时更换 SIM 卡。

4）协调信通技术员消缺。

5）重启或更换 ONU。

6）重新选择安装位置或更改通信方式，同时修改图模，或联系运营商提高增加基站数量。

（3）通过主站重新给成套设备对时。

（4）上报配电自动化主站运维人员重新配置系统参数。

（5）设备消缺方法依次为：

1）更换遥信回路受损模块。

2）更换一次设备。

3）更换终端。

4）重启终端。

5）更换超级电容，活化或更换电池。

6）清除凝露，增强设备密闭性。

4. 相关案例

案例 14：SOE 丢失案例（一）

（1）缺陷描述。2014 年 8 月 13 日某供电公司发现，在主站上通过 SOE 记录，发现一台无线分界断路器处于合闸状态，但实际上该断路器已分闸，且主站有接收到断路器分闸的 COS 信息。

（2）缺陷分析查找。

1）经主站核查上级电源点及负荷侧遥测曲线，均处在正常状态，并且主站进行全数据召唤终端由合位转变为分位。

2）现场调阅馈线终端 SOE，其记录开关位置信息正确，查看当地无线通信信号小于 –100dBm，无线通信信号较弱。配电自动化主站等待 SOE 时间是收到 COS 的时刻前 3s 后 5s 去匹配 SOE，若超出此时间则认为无效 SOE。因此，判定由于无线通信条件不良，造成 SOE 延时较大，超过主站匹配时间而舍弃。

（3）缺陷处理。

重新选择安装位置后，该缺陷消失。

案例 15：SOE 丢失案例（二）

（1）缺陷表象。某线路电压型分段开关线路停电后开关失压分闸，主站仅有遥信变位记录（COS）记录，未收到 SOE 记录。

（2）缺陷分析查找。

1）现场调取终端内有分闸 SOE 记录。

2）检查终端通信方式为无线通信，终端失电后，无线模块电源指示灯立即熄灭。终端失电后其后备电源超级电容无法维持无线模块短时运行。终端上线后不再补发该 SOE 记录，但通过总召产生 COS 记录。由此导致 SOE 记录丢失。

（3）缺陷处理。

现场设备明显因为后备电源异常引起的 SOE 丢失。运维人员对该设备进行了更换，缺陷设备安排返厂维修。

5.9 COS 丢失

1. 缺陷描述

主站收到终端上送带 COS 变位记录条数与实际事件数不匹配。

2. 原因分析

（1）参数问题。

1）终端遥信取反配置错误。

2）终端设置的短时上送 SOE 条数上限值不合理，当条数超过上限时，存储溢出导致事件丢失设备主动屏蔽。

3）终端遥控加密配置错误、秘钥对选择错误。

4）终端遥信、遥测阈值设置过小，终端数据频繁上传主站导致信道堵塞。

5）终端通信参数配置（IP、公共地址、波特率、端口号等）错误或重复，导致终端无法正常运行。

6）终端点表点号配置错误，遥测、遥信、遥控点号未与实际点号一一对应。

（2）通信问题。

1）通信导线破损或受剧烈挤压，导致信号传输变差。

2）无线模块硬件损坏。

3）SIM 卡未装、SIM 卡欠费、SIM 被注销、SIM 卡未开通数据服务等。

4）主站至变电站 OLT，或变电站至设备 ONU 光路断开。

5）ONU 故障。

6）安装区域位于无信号或弱信号区，或位于两通信基站交汇处导致设备频繁切换与基站的通信连接。

（3）对时问题。对时错误，导致数据无法与实际故障匹配。

（4）主站问题。主站系统配置错误或缺陷。

（5）设备问题。

1）终端遥信二次回路故障。

2）一次设备损坏。

3）终端损坏。

4）终端死机。

5）超级电容、后备电源电池老化或故障。

6）设备内部出现凝露，导致设备线路、结构腐蚀。

3. 对应消缺方法

（1）参数消缺方法依次为：

1）重新配置参数。

2）重新配置参数。

3）重新下载秘钥、加密文件。

4）重新配置遥信、遥测阈值，降低上传频率。

5）重新配置通信参数。

6）重新配置点表。

（2）通信消缺方法依次为：

1）按照标准要求制作网线，同时选择良好侧走线路径，避免网线或数据线被挤压划伤影响数据传输。

2）更换无线模块。

3）重新安装 SIM 卡、充值话费、联系通信服务商确认通信数据服务情况，必要时更换 SIM 卡。

4）协调信通技术员消缺。

5）重启或更换 ONU。

6）重新选择安装位置或更改通信方式，同时修改图模，或联系运营商提高增加基站数量。

（3）通过主站重新给成套设备对时。

（4）上报配电自动化主站运维人员重新配置系统参数。

（5）设备消缺方法依次为：

1）更换遥信回路受损模块。

2）更换一次设备。

3）更换终端。

4）重启终端。

5）更换超级电容，活化或更换电池。

6）清除凝露，增强设备密闭性。

4. 相关案例

案例 16：COS 丢失案例（一）

（1）缺陷描述。2015 年 9 月 2 日某供电公司发现，某线路负荷开关上送故障信号，事后查看复归信号发现 COS 记录少于 SOE 记录条数，出现事件记录丢失情况。

（2）缺陷分析查找。

1）经主站查看终端在线状态，发现该终端在 2015 年 8 月 25 日开始出现频繁上下线现象，且掉线频率逐渐增加。

2）主站召唤该终端参数，未发现异常。

3）主站查看历史数据，对时正常。

4）在现场查询终端记录，发现终端有保存该 COS 记录。

初步判断通信问题导致终端未将 COS 信号上送给主站。

（3）缺陷处理。经现场检查终端通信模块天线损坏导致通信异常，后更换模块天线。

案例 17：COS 丢失案例（二）

（1）缺陷描述。某公司某线路有工作，遥控 16 号分段开关分闸，主站下发执行命令执行超时，但现场终端遥控分成功，经过 5min 后有 SOE 上传主站，而 COS 丢失。

（2）缺陷分析查找。

1）主站召唤该终端参数，未发现异常。

2）主站查看历史数据，对时正常。

3）在现场查询终端记录，发现终端有保存该 COS 记录。

4）现场检查终端通信方式为无线通信，且平时此终端经常掉线，询问运营商终端所在位置为两基站之间，信号经常切换导致终端通信不稳定。

（3）缺陷处理。

通信方式改为光纤通信，终端在线正常，未出现 COS 丢失现象，缺陷消除。

5.10 SOE 与 COS 时间差超过规定值

1. 缺陷描述

主站收到终端上送 SOE 与 COS 的时间与 SOE 中记录的时间差超过规定值。

2. 原因分析

（1）通信问题。

1）通信导线破损或受剧烈挤压，导致信号传输变差。

2）ONU 故障。

3）安装区域位于无信号或弱信号区，或位于两通信基站交汇处导致设备频繁切换与基站的通信连接。

（2）对时问题。对时错误，导致数据无法与实际故障匹配。

（3）主站问题。主站系统配置错误或缺陷。

（4）设备问题。终端遥信二次回路故障。

3. 对应消缺方法

（1）通信消缺方法依次为：

1）按照标准要求制作网线，同时选择良好侧走线路径，避免网线或数据线被挤压划伤影响数据传输。

2）重启或更换 ONU。

3）重新选择安装位置或更改通信方式，同时修改图模，或联系运营商提高增加基站数量。

（2）通过主站重新给成套设备对时。

（3）上报配电自动化主站运维人员重新配置系统参数。

（4）更换遥信回路受损模块。

4. 相关案例

案例18：SOE与COS时间差超过规定值案例（一）

（1）缺陷描述。2015年9月2日某供电公司主站收到开关的跳闸动作信号，但通过查看记录发现此跳闸动作信号的COS与SOE间隔时间很长，导致主站不能正确判断遥信变位。

（2）缺陷分析查找。现场检测通信信号强度较差，数据传输速度慢，终端前一帧报文上送主站需10～15s时间，后又经过10～15s时间终端收到主站下发的确认报文，终端再次发送下一帧遥信变位报文如此往复导致主站接收到开关动作信号时距离开关跳闸已有一段时间。

（3）缺陷处理。经现场检查通信信号较差，后增加信号放大器问题解决。

案例19：SOE与COS时间差超过规定值案例（二）

（1）缺陷描述。2016年10月23日某公司配电自动化主站反馈某馈线一台自动化终端上传SOE与COS时间超过规定值。

（2）缺陷分析查找。运维消缺人员联系主站配合现场做远方就地动作变位，发现SOE与COS时间差超过规定值，与主站校时后再次试验，依旧超时。检查设备通信模块为2G通信模块，信号较差。通过配电自动化主站PING无线SIM卡IP地址，丢包率1.9%。

根据以上情况判断，此缺陷是由于无线信号差导致自动化终端上传SOE与COS时间超过规定值。

（3）缺陷处理。缺陷发生后，运维消缺人员将2G通信模块更换为3G通信模块后，与主站联系对时，对时成功后，SOE与COS时间差恢复正常范围。

5.11 频繁上送遥信变位信号

1. 缺陷描述

终端频繁上送开关分合、电池欠压等遥信变位信号。

2. 原因分析

（1）设备问题。

1）终端二次回路（遥控、遥信、电压、电流回路）导线故障。

2）TA、TV 损坏。

3）一次设备损坏。

4）终端损坏。

5）超级电容、后备电源电池老化或故障。

6）设备内部出现凝露，导致设备线路、结构腐蚀。

（2）接线问题。

1）电流回路的二次线接触不良或断线。

2）TV 二次线接触不良或断线。

3. 对应消缺方法

（1）设备主要消缺方法如下：

1）更换遥控回路受损模块。

2）更换 TA、TV。

3）更换一次设备。

4）更换终端。

5）更换超级电容，活化或更换电池。

6）清除凝露，增强设备密闭性。

（2）重新接线。

4. 相关案例

案例 20：终端频繁上送遥信变位信号案例（一）

（1）缺陷描述。2014 年 3 月 15 日，某供电公司配电自动化主站收到某线路终端频繁上送开关遥信变位信号，在同一瞬间同时收到至少 20 条变位遥信。

（2）缺陷分析查找。现场检查发现二次线有虚接现象。

（3）缺陷处理。重新对二次线端子接线进行加固，频繁上送现象消失。

案例 21：终端频繁上送遥信变位信号案例（二）

（1）缺陷描述。2017 年 1 月 4 日下午，某供电公司运维人员日常巡视时发现，某馈线 1 号开关 24h 内上报开关分合共 230 余条，频繁上送遥信变位信号。

（2）缺陷分析查找。

1）运维人员根据配电自动化主站电流曲线，检查 1 号开关 1 月 3 日电流曲线正常，曲线无归零现象，表明该开关实际一直在带负荷运行。

2）运维人员赶到现场，采取安全措施后拔下终端控制电缆航空 LS（中文名）插头，使用万用表测量 LS（中文名）插头（至开关侧）开关位置信号端子 1 和端子 6 通断情况，测量电阻不断变化，正常情况下，开关位置合位，端子 1 和端子 6 应为接通状态，电阻接近 0Ω。

由此判断，该缺陷因为控制电缆或开关本体信号回路异常引起。

（3）缺陷处理。

因无停电计划，需保证开关带负荷运行。消缺处理方案为使用带电作业车检查开关本体与控制电缆连接正常，拔下开关本体与控制电缆的航空插头，确认为控制电缆因受潮引起插头针脚氧化，导致端子1和端子6处于导通与断开的临界点，导致了遥信变位的频繁误报。运维人员对受潮的控制电缆进行了更换，同时对开关本体与控制电缆连接部位进行了防水处理。该缺陷消除。

5.12 遥控预置失败

1. 缺陷描述

配电自动化主站遥控成套设备时，遥控预置失败。

2. 原因分析

（1）参数问题。

1）终端遥控加密配置错误、秘钥对选择错误。

2）终端通信参数配置（IP、公共地址、波特率、端口号等）错误或重复，导致终端无法正常运行。

3）终端点表点号配置错误，遥测、遥信、遥控点号未与实际点号一一对应。

4）终端不具备招标规范中规定的遥控功能。

（2）设备问题：设备本身故障，现场设备遥控加密文件配置错误等。

1）终端二次遥控回路故障。

2）终端损坏。

3）终端死机。

（3）通信问题。

1）通信导线破损或受剧烈挤压，导致信号传输变差。

2）安装区域位于无信号或弱信号区，或位于两通信基站交汇处导致设备频繁切换与基站的通信连接。

3）光信号太强或太弱，导致成套设备与主站信息传递不稳定。

4）2G无线通信模块速率过低，无法满足终端与主站的数据交换。

5）无线模块通信协议问题。

6）无线模块天线较短导致信号差。

7）无线模块硬件损坏。

8）主站至变电站OLT，或变电站至设备ONU光路断开。

9）ONU故障。

3. *对应消缺方法*

（1）参数主要消缺方法包括：

1）重新下载秘钥、加密文件。

2）重新配置通信参数。

3）重新配置点表。设备正式投运前，必须全遥信、全遥测、全遥控的自动化传动验收。

4）升级程序或更换模块。

（2）设备主要消缺方法包括：

1）更换遥控回路受损模块。

2）更换终端。

3）重启终端。

（3）通信主要消缺方法包括：

1）按照标准要求制作网线，同时选择良好侧走线路径，避免网线或数据线被挤压划伤影响数据传输。

2）重新选择安装位置或更改通信方式，同时修改图模，或联系运营商提高增加基站数量。

3）若光信号较强，可加装光衰器；若光信号较弱，可加装光信号增强器。

4）更换为3G或4G无线模块。

5）升级无线模块。

6）更换为长天线无线模块。

7）更换无线模块。

8）协调信通技术员消缺。

9）重启或更换ONU。

4. *相关案例*

案例22：遥控预置失败案例（一）

（1）缺陷表象。2017年1月17日某公司配电自动化主站人员对某馈线14号开关进行遥控分闸操作，但提示遥控预置失败。

（2）缺陷分析查找。

1）通过调取主站报文分析，主站下发遥控分闸报文正确，但终端回复传输原因为47的报文，反映遥控预置失败。

2）现场检查遥控板件无异常。

3）检查终端配置发现遥控关联的远方/就地遥信点表错误。本次设定远方就地为第8个遥信点，但遥控关联遥信点为1。由以上分析得出：该设备遥控预置失败由于远方/就地遥信地址关联错误导致，如图5－4所示。

是否下载	序号	参数名称	值	倍率	默认值	范围
☑	5	上行104链路地址字节数	2	1	2	范围1～2
☑	6	上行104传送原因字节数	2	1	2	范围1～2
☑	7	上行104信息体地址字节数	3	1	3	范围2～3
☑	8	上行104定时器T1值（秒）	0	1	0	范围0～255、0=不启用T1定时器
☑	9	上行104定时器T3值（秒）	20	1	20	范围1～255
☑	10	上行全遥测报文类型	21	1	21	范围9、11、21
☑	11	上行变化遥测报文类型	9	1	9	范围9、11、21、34
☑	12	上行累计量报文类型	15	1	15	范围15、37
☑	13	远方/就地遥信地址	1	1	65	范围1～5120
☑	14	上行平衡式101[illegible]功能码	4	1	4	3=发送/确认、4=发送/无回答
☑	15	上行平衡式101发送/确认...	3	1	3	范围0～5、0表示不重发、对功……
☑	16	上行平衡式101发送/确认...	10	1	10	范围3～60、对功能码3有效
☑	17	上行平衡式101上电发送请...	0	1	0	0=不发送、1=发送
☑	18	规约模式	0	1	0	0=标准模式、1=天津模式(配置……
☑	19	通信管理机电池活化号	0	1	0	范围0～512
☑	20	通信管理机电池自动活化时间	0	1	0	范围0～365天、0=不自动活化
☑	21	无线遥控加密功能	0	1	0	0=不加密（默认值）、1=加密（……
☑	22	无线通信时间戳有效延时（秒）	60	1	60	范围3-65535
☑	23	数据处理插件1（DSP）配...	1	1	1	0=不配置、1=配置
☑	24	数据处理插件2（DSP）配...	0	1	0	0=不配置、1=配置
☑	25	数据处理插件3（DSP）配...	0	1	0	0=不配置、1=配置
☑	26	保护插件1配置标识	0	1	0	0=不配置、1=配置
☑	27	保护插件2配置标识	0	1	0	0=不配置、1=配置

图 5－4　远方就地关联遥信地址

（3）缺陷处理。根据缺陷分析，运维人员通过维护软件重新关联远方/就地遥信地址，修改后，遥控操作试验正常，缺陷消除。

案例 23：遥控预置失败案例（二）

（1）缺陷表现。2017 年 1 月 17 日现场运维人员于某馈线 14 号开关将无线通信改为光纤通信，更改完成后与主站进行加密预置，主站遥控预置失败，现场进行加密遥控预置，遥控预置失败。

（2）缺陷分析查找。

1）重新导入正确加密预置文件后，设备依然预置失败，排除加密文件问题。

2）现场检查遥控板件是否异常，检查板件有烧毁痕迹。

由以上分析得出：该设备遥控板件烧毁导致遥控失败。

（3）缺陷处理。根据缺陷分析结果，运维人员和厂家到现场消缺。通过运维人员更换遥控板件，现场与主站加密遥控预置成功。

5.13 遥控执行失败

1. 缺陷描述

配网主站对分段开关进行合到分遥控操作时，主站端预置成功，执行失败。

2. 原因分析

（1）参数问题。

1）终端遥控加密配置错误、秘钥对选择错误。

2）终端通信参数配置（IP、公共地址、波特率、端口号等）错误或重复，导致终端无法正常运行。

3）终端点表点号配置错误，遥测、遥信、遥控点号未与实际点号一一对应。

4）终端不具备招标规范中规定的遥控功能。

（2）设备问题：设备本身故障，现场设备遥控加密文件配置错误等。

1）终端二次遥控回路故障。

2）现场储能未到位，导致遥控执行失败。

3）一次设备损坏。

4）终端损坏。

5）终端死机。

6）超级电容、后备电源电池老化或故障。

7）设备内部出现凝露，导致设备线路、结构腐蚀。

（3）通信问题。

1）通信导线破损或受剧烈挤压，导致信号传输变差。

2）安装区域位于无信号或弱信号区，或位于两通信基站交汇处导致设备频繁切换与基站的通信连接。

3）光信号太强或太弱，导致成套设备与主站信息传递不稳定。

4）2G 无线通信模块速率过低，无法满足终端与主站的数据交换。

5）无线模块通信协议问题。

6）无线模块天线较短导致信号差。

7）无线模块硬件损坏。

8）主站至变电站 OLT，或变电站至设备 ONU 光路断开。

9）ONU 故障。

3. 对应消缺方法

（1）参数主要消缺方法包括：

1）重新下载秘钥、加密文件。

2）重新配置通信参数。

3）重新配置点表。设备正式投运前，必须全遥信、全遥测、全遥控的自动化传动验收。

4）升级程序或更换模块。

（2）设备主要消缺方法包括：

1）更换遥控回路受损模块。

2）手动储能，调试储能。

3）更换一次设备。

4）更换终端。

5）重启终端。

6）更换超级电容，活化或更换电池。

7）清除凝露，增强设备密闭性。

（3）通信主要消缺方法包括：

1）按照标准要求制作网线，同时选择良好侧走线路径，避免网线或数据线被挤压划伤影响数据传输。

2）重新选择安装位置或更改通信方式，同时修改图模，或联系运营商提高增加基站数量。

3）若光信号较强，可加装光衰器；若光信号较弱，可加装光信号增强器。

4）更换为3G或4G无线模块。

5）升级无线模块。

6）更换为长天线无线模块。

7）更换无线模块。

8）协调信通技术员消缺。

9）重启或更换ONU。

4. 相关案例

案例24：遥控执行失败案例（一）

（1）缺陷表象。某日某供电公司对某馈线10号开关遥控分闸操作时，在主站预置成功，但遥控执行失败。

（2）缺陷分析查找。

1）通过主站调取报文分析，主站与现场遥控预置及执行过程报文完全正确，但没有回复开关变位报文，主站认为遥控执行失败。

2）预置成功，可初步判定终端和主站间通信良好，执行失败后电流曲线仍有变化表明开关未动作分闸。有可能是遥控出口到一次开关设备二次回路问题或开关本体问题。

3）运维人员到达现场后检查开关本体在合闸位置，使用模拟开关检查终端遥控分闸出口正常，做好安全措施后，拔下开关控制电缆插头，通过控制电缆测量开关分闸回路电阻，正常情况下应为3.5Ω，但测量该回路不通。由此可判断是控分回路不通，遥控分闸执行失败。

（3）缺陷处理。安排停电计划，对该开关进行维修，检查发现开关控制回路行程开关由于老化已不在正确位置，本应该为常闭节点的S13行程开关已经断开。更换新的S13行程开关后，将设备恢复正常，遥控分闸测试正常。

案例25：遥控执行失败案例（二）

（1）缺陷表现。

2017年1月29日00:39某馈线21号开关，主站进行遥控分闸时，遥控预置成功，控分失败。

（2）缺陷分析查找。

根据现场设备进行分析：

1）现场检查设备遥控压板未投入，导致控制回路异常，遥控执行失败。

2）现场检查设备储能状态，控制器显示储能位置正确。

由以上两点分析得出，该自动化设备遥控执行失败是由于遥控压板未投入，导致遥控执行失败。

（3）缺陷处理。

缺陷发生后，现场运维人员对设备进行了全面检查，设备参数无异常，设备储能无异常，检查到遥控压板未投入。将遥控压板投入后，设备遥控功能正常。

5.14 遥控预置超时

1. 缺陷描述

主站下发遥控预置命令终端无应答。

2. 原因分析

（1）参数问题。

1）终端遥控加密配置错误、秘钥对选择错误。

2）终端通信参数配置（IP、公共地址、波特率、端口号等）错误或重复，导致终端无法正常运行。

3）终端点表点号配置错误，遥测、遥信、遥控点号未与实际点号一一对应。

4）终端不具备招标规范中规定的遥控功能。

（2）设备问题：设备本身故障，现场设备遥控加密文件配置错误等。

1）终端二次遥控回路故障。

2）终端损坏。

3）终端死机。

（3）通信问题。

1）通信导线破损或受剧烈挤压，导致信号传输变差。

2）安装区域位于无信号或弱信号区，或位于两通信基站交汇处导致设备频繁切换与基站的通信连接。

3）光信号太强或太弱，导致成套设备与主站信息传递不稳定。

4）2G 无线通信模块速率过低，无法满足终端与主站的数据交换。

5）无线模块通信协议问题。

6）无线模块天线较短导致信号差。

7）无线模块硬件损坏。

8）主站至变电站 OLT，或变电站至设备 ONU 光路断开。

9）ONU 故障。

3. 对应消缺方法

（1）参数主要消缺方法包括：

1）重新下载秘钥、加密文件。

2）重新配置通信参数。

3）重新配置点表。设备正式投运前，必须全遥信、全遥测、全遥控的自动化传动验收。

4）升级程序或更换模块。

（2）设备主要消缺方法包括：

1）更换遥控回路受损模块。

2）更换终端。

3）重启终端。

（3）通信主要消缺方法包括：

1）按照标准要求制作网线，同时选择良好侧走线路径，避免网线或数据线被挤压划伤影响数据传输。

2）重新选择安装位置或更改通信方式，同时修改图模，或联系运营商提高增加基站数量。

3）若光信号较强，可加装光衰器；若光信号较弱，可加装光信号增强器。

4）更换为 3G 或 4G 无线模块。

5）升级无线模块。

6）更换为长天线无线模块。

7）更换无线模块。

8）协调信通技术员消缺。

9）重启或更换 ONU。

4. 相关案例

案例 26：遥控预置超时案例（一）

（1）缺陷表象。某供电公司某馈线 3 支 4 号开关在送电前进行遥控测试，主站预置超时。

（2）缺陷分析查找。

1）主站调取报文发现终端与主站之间通信正常，但主站下发遥控预置报文后终端未回复确认。同时发现终端频繁上送遥测变化信息。

2）现场做好安全措施，监视终端发送的报文，发现终端频繁上送相电流变化报文。影响了遥控报文的回复。

3）检查终端的参数配置，发现电流变化门限值设定不合理，现场设定为 1A，该开关所带负荷电流变化频繁，且变化幅值大于 1A，因此遥测值不断上送。

（3）缺陷处理。现场对该终端的电流变化门限值重新进行了设定，修改为3A。遥测值不再频繁上送，遥控测试正常，缺陷消除。

案例 27：遥控预置超时案例（二）

（1）缺陷表现。

2016 年 11 月 7 日某馈线 9 号开关现场将无线通信改为光纤通信，设备正常上线后，主站进行总召—对时—加密预置时，主站显示预置超时事件。

（2）缺陷分析查找。

1）现场检查加密文件是否配错，配置错误会导致预置超时。

2）现场检查遥控板件是否正常。

3）现场检查设备点表是否配置正确，如配置错误会导致预置超时。

（3）缺陷处理。缺陷发生后运维人员现场排查缺陷问题，发现加密文件配置错误，重新配置加密文件后，主站遥控预置成功，设备恢复正常。

5.15 遥控执行超时

1. 缺陷描述

主站下发遥控执行命令，终端执行成功，但信息返回主站时间超时。

2. 原因分析

（1）参数问题。

1）终端遥控加密配置错误、秘钥对选择错误。

2）终端通信参数配置（IP、公共地址、波特率、端口号等）错误或重复，导致终端无法正常运行。

3）终端点表点号配置错误，遥测、遥信、遥控点号未与实际点号一一对应。

4）终端不具备招标规范中规定的遥控功能。

（2）设备问题：设备本身故障，现场设备遥控加密文件配置错误等。

1）终端二次遥控回路故障。

2）现场储能未到位，导致遥控执行失败。

3）一次设备损坏。

4）终端损坏。

5）终端死机。

6）超级电容、后备电源电池老化或故障。

7）设备内部出现凝露，导致设备线路、结构腐蚀。

（3）通信问题。

1）通信导线破损或受剧烈挤压，导致信号传输变差。

2）安装区域位于无信号或弱信号区，或位于两通信基站交汇处导致设备频繁切换与基站的通信连接。

3）光信号太强或太弱，导致成套设备与主站信息传递不稳定。

4）2G 无线通信模块速率过低，无法满足终端与主站的数据交换。

5）无线模块通信协议问题。

6）无线模块天线较短导致信号差。

7）无线模块硬件损坏。

8）主站至变电站 OLT，或变电站至设备 ONU 光路断开。

9）ONU 故障。

3. 对应消缺方法

（1）参数主要消缺方法包括：

1）重新下载秘钥、加密文件。

2）重新配置通信参数。

3）重新配置点表。设备正式投运前，必须全遥信、全遥测、全遥控的自动化传动验收。

4）升级程序或更换模块。

（2）设备主要消缺方法包括：

1）更换遥控回路受损模块。

2）手动储能，调试储能。

3）更换一次设备。

4）更换终端。

5）重启终端。

6）更换超级电容，活化或更换电池。

7）清除凝露，增强设备密闭性。

（3）通信主要消缺方法包括：

1）按照标准要求制作网线，同时选择良好侧走线路径，避免网线或数据线被挤压划伤影响数据传输。

2）重新选择安装位置或更改通信方式，同时修改图模，或联系运营商提高增加基站数量。

3）若光信号较强，可加装光衰器；若光信号较弱，可加装光信号增强器。

4）更换为 3G 或 4G 无线模块。

5）升级无线模块。

6）更换为长天线无线模块。

7）更换无线模块。

8）协调信通技术员消缺。

9）重启或更换 ONU。

4. 相关案例

案例 28：遥控执行超时案例（一）

（1）缺陷表象。某供电公司某馈线 6 支 9 号开关在线路停电时进行遥控性能测试，遥控命令执行超时。

（2）缺陷分析查找。

1）主站调取报文发现终端与主站之间通信正常，但主站下发遥控执行报文后终端 38s 后进行回复，终端回复时间太长，导致遥控执行超时。

2）通过报文分析，发现该设备频繁上送总召数据。

3）检查主站的参数配置，发现主站对该设备的总召周期设定不合理，现场设定为 30s，即每 30s 对该终端进行一次数据总召。频繁的总召，影响了终端对主站遥控执行激活的确认，导致遥控执行超时。

（3）缺陷处理。主站运维人员对该终端的总召周期时间设定进行了修改。总召周期由原来的 30s，修改为 180s。修改后遥控测试正常，缺陷消除。

案例 29：遥控执行超时案例（二）

（1）缺陷表现。

2015 年 11 月 11 日 15:22 某馈线 6 号开关遥控合闸，主站进行遥控执行时遥控执行超时。

（2）缺陷分析查找。

1）现场检查设备参数无异常。

2）现场设备 ping 主站设备延时较高。

根据以上特征，怀疑无线通信模块异常。

（3）缺陷处理。缺陷发生后运维人员现场排查缺陷问题，发现无线通信模块延时较高。现场更换无线通信模块后，设备正常上线，主站遥控执行成功，设备恢复正常。

5.16 遥测电流异常

1. 缺陷描述

配电自动化主站显示电流值与开关实际运行电流值严重不符。

2. 原因分析

（1）参数问题。

1）终端变比配置错误等。

2）成套设备采集模块电流采样误差大。

3）终端点表点号配置错误，遥测点号未与实际点号一一对应。

（2）安装问题。

1）实际安装位置与图模不一致。

2）航空插头处电流短路环未拔掉、导线位置接错等。

3）导线接触不良等接触不良情况。

4）成套设备采样模块安装错误。

5）由于安装工艺、安装方式错误导致成套设备结构或功能损坏。

（3）设备问题。

1）终端二次回路（电压、电流回路）导线故障。

2）TA 损坏。

3）一次设备损坏。

4）终端损坏。

（4）主站问题。配电自动化主站系统参数配置错误或缺陷。

（5）线路问题。TA 饱和阈值过低，故障时，故障电流超限，成套设备未采集到正确的故障电流。

3. 对应消缺方法

（1）参数主要消缺方法包括：

1）重新配置变比。

2）重新校准采集模块遥测精度。

3）重新配置点表。设备正式投运前，必须全遥信、全遥测、全遥控的自动化传动验收。

（2）安装主要消缺方法包括：

1）重新安装设备或修改图模。

2）将航插处的电流短路环拔掉，重新接线。

3）重新接线。

4）重新安装采样模块。

5）更换受损模块或设备，同时改进安装工艺和安装方式，避免出现暴力安装。

（3）设备主要消缺方法包括：

1）更换遥控回路受损模块。

2）更换 TA。

3）更换一次设备。

4）更换终端。

（4）上报配电自动化主站运维人员重新配置系统参数。

（5）更换 TA。

4. 相关案例

案例 30：遥测电流异常案例

（1）缺陷表象。2016 年 9 月 26 日某供电公司新装 23 号支 3 开关在正常安

图 5-5　开关航空插头电流短路环未拆除

装投运后，配电自动化主站显示电流值为 0A，与实际负荷电流差距极大。

（2）缺陷分析查找。

1）现场通过对终端的遥测加量试验及主站联调，确定终端无问题，排除点表和参数问题，缺陷可能在一次设备或者电缆航空插头上。

2）在确认终端无问题后，遂联系现场一次设备安装人员，询问后得知其在安装时确实忘记将开关处短路环拔掉，如图 5-5 所示。

判断为开关航空插座处短路环未拆除导致的遥测电流值为零。

（3）缺陷处理。缺陷发生后，运维消缺人员赶到现场，经过试验和与一次设备安装人员沟通交流，确认因开关航空插头处短路环未拔掉，导致此开关遥测值为零。安排临时停电，登杆检查，将开关航空插头处电流短路环拔掉，当日上午送电投运后，此开关电流值主站显示正常，电流异常缺陷消除。

5.17　遥测电压异常

1. 缺陷描述

配电自动化主站显示电压值与开关实际运行电压值严重不符。

2. 原因分析

（1）参数问题。

1）终端变比配置错误等。

2）成套设备采集模块电流采样误差大。

3）终端点表点号配置错误，遥测点号未与实际点号一一对应。

（2）安装问题。

1）实际安装位置与图模不一致。

2）航空插头处电流短路环未拔掉、导线位置接错等。

3）导线接触不良、TV 熔丝搭接不良等接触不良情况。

4）成套设备采样模块安装错误。

5）由于安装工艺、安装方式错误导致成套设备结构或功能损坏。

（3）设备问题。

1）终端二次回路（电压、电流回路）导线故障。

2）TV 损坏。

3）一次设备损坏。

4）终端损坏。

（4）主站问题。配电自动化主站系统参数配置错误或缺陷。

3. 对应消缺方法

（1）参数主要消缺方法包括：

1）重新配置变比。

2）重新校准采集模块遥测精度。

3）重新配置点表。设备正式投运前，必须全遥信、全遥测、全遥控的自动化传动验收。

（2）安装主要消缺方法包括：

1）重新安装设备或修改图模。

2）将航插处的电流短路环拔掉，重新接线。

3）重新接线。

4）重新安装采样模块。

5）更换受损模块或设备，同时改进安装工艺和安装方式，避免出现暴力安装。

（3）设备主要消缺方法包括：

1）更换遥控回路受损模块。

2）更换 TV。

3）更换一次设备。

4）更换终端。

（4）上报配电自动化主站运维人员重新配置系统参数。

4. 相关案例

案例 31：遥测电压异常案例

（1）缺陷表象。2016 年 4 月 8 日某供电公司配网新投运 18 号支 5 开关电压值显示 19.83kV，如图 5－6 所示，与实际电压差距较大。

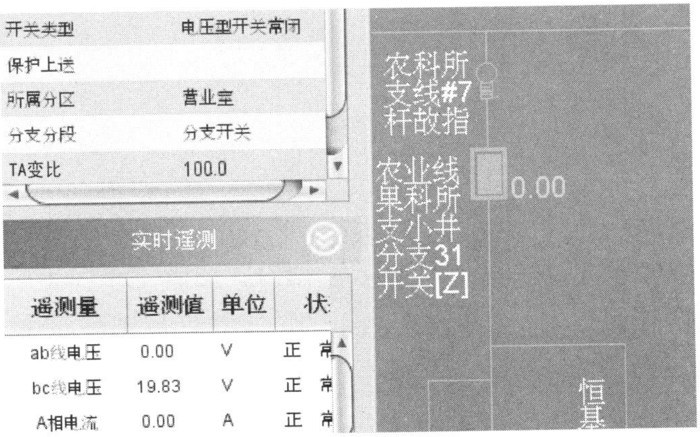

图 5－6　主站显示 BC 线电压遥测值为 19.83kV

（2）缺陷分析查找。根据现场调查及主站检查分析：

1）现场人员到达现场后，通过厂家调试软件连接该终端，调试软件电压二次侧值显示正常。

2）与主站沟通后，检查主站相关配置情况，发现18号支5开关测量点表配错。

判断为主站开关类型配置错误导致的开关电压值显示异常。

（3）缺陷处理。缺陷发生后，运维消缺人员赶到现场，经对18号支5开关现场实际电压测量核实后，确认问题原因并由主站修改设备类型，18号支5开关电压值显示恢复正确，显示为10kV。

5.18 录波波形异常

1. 缺陷描述

成套设备采集上送的录波波形错误，与实际线路情况不一致。

2. 原因分析

（1）参数问题。

1）终端变比配置错误等。

2）成套设备采集模块电流采样误差大。

（2）安装问题。

1）实际安装位置与图模不一致。

2）航空插头处电流短路环未拔掉、导线位置接错等。

3）导线接触不良、TV熔丝搭接不良等接触不良情况。

4）成套设备采样模块安装错误。

5）由于安装工艺、安装方式错误导致成套设备结构或功能损坏。

（3）设备问题。

1）终端二次回路（电压、电流回路）导线故障。

2）TA损坏。

3）一次设备损坏。

4）终端损坏。

（4）主站问题。配电自动化主站系统参数配置错误或缺陷。

（5）线路问题。TA饱和阈值过低，故障时，故障电流超限，成套设备未采集到正确的故障电流。

（6）对时问题。对时错误或终端对时功能不满足。

3. 对应消缺方法

（1）参数主要消缺方法包括：

1）重新配置变比。

2）重新校准采集模块遥测精度。

（2）安装主要消缺方法包括：

1）重新安装设备或修改图模。

2）将航插处的电流短路环拔掉，重新接线。

3）重新接线。

4）重新安装采样模块。

5）更换受损模块或设备，同时改进安装工艺和安装方式，避免出现暴力安装。

（3）设备主要消缺方法包括：

1）更换遥控回路受损模块。

2）更换 TA。

3）更换一次设备。

4）更换终端。

（4）上报配电自动化主站运维人员重新配置系统参数。

（5）更换 TA。

（6）通过主站重新给成套设备对时。

4. 相关案例

案例 32：录波波形异常案例

（1）缺陷表象。2016 年 7 月 17 日某供电公司配电自动化主站发现 5 号开关常出现零序电流波形，而线路未出现故障，通知运维人员消缺。

（2）缺陷分析查找。根据配电自动化主站波形文件历史记录进行分析：

1）线路未出现故障，5 号开关常出现零序电流波形，排除主站问题。

2）总召实时波形数据，核对参数，发现三相波形未对时。

怀疑是由于对时出现问题，导致波形对时不准。

（3）缺陷处理。缺陷发生后，运维人员在主站发生对时命令，对时后，再次总召，录波波形数据异常情况消失。

5.19 主供电源异常

1. 缺陷描述

在成套设备在线情况下，主供电源发生异常。

2. 原因分析

TV 二次侧断线。

3. 对应消缺方法

（1）加强主站对终端电压值即终端主供电源的监测和巡视。

（2）发现问题后，现场及时安排消缺处理。

（3）加强设备安装时TV接线的监管，确保终端主供电源的可靠性。

4. 相关案例

案例33：主供电源异常案例

（1）缺陷表象。

2016年7月11日某供电公司24号支3开关经主站巡视发现电源失压告警。

（2）缺陷分析查找。

安排运维人员前往现场巡视排查故障。现场反馈终端靠电池运行正常，但测量终端航插电源电压值为零，安排带电作业车配合登高检查TV二次接线。根据主站和现场调查分析：

图5－7 TV二次侧接线脱落

1）主站显示24号支3开关电源侧失压，现场终端靠电池运行正常，但终端TV灯不亮。

2）终端电源插头处测量电压值为零。

3）乘带电作业车检查TV二次接线，发现TV二次接线脱落，如图5－7所示。判断24号支3开关主供电源异常属于TV断线引起。

（3）缺陷处理。对TV二次接线重新压接牢固。该缺陷消除后，24号支3开关主供电源恢复正常。

5.20 蓄电池异常

1. 缺陷描述

终端蓄电池电量不足或供电异常。

2. 原因分析

（1）参数问题。

1）终端变比配置错误等。

2）终端点表点号配置错误，遥测点号未与实际点号一一对应。

（2）安装问题。

1）导线接触不良、TV熔丝搭接不良等接触不良情况。

2）由于安装工艺、安装方式错误导致成套设备结构或功能损坏。

（3）设备问题。

1）终端二次回路（电压、电流回路）导线故障。

2）后备电源电池老化或故障。

（4）主站问题。配电自动化主站系统参数配置错误或缺陷。

（5）环境问题。

1）运行时，由于短路、接地等电力系统内部的故障导致蓄电池损坏。

2）运行时，由于自然灾害（台风、雷击、泥石流、洪水、污秽等）问题导致的蓄电池结构损坏。

3. 对应消缺方法

（1）参数主要消缺方法包括：

1）重新配置变比。

2）重新配置点表。设备正式投运前，必须全遥信、全遥测、全遥控的自动化传动验收。

（2）安装主要消缺方法包括：

1）重新接线。

2）更换受损模块或设备，同时改进安装工艺和安装方式，避免出现暴力安装。

（3）更换受损模块。

（4）上报配电自动化主站运维人员重新配置系统参数。

（5）更换受损模块或整体，排查安装环境是否易发生自然灾害，必要时可更换安装点。

4. 相关案例

案例34：蓄电池异常案例

（1）缺陷表象。2016年12月20日某供电公司线路进行停电检修，停电后发现19号支4开关装有蓄电池的终端几乎在停电同一时刻离线，配电自动化主站无法继续监控该设备。

（2）缺陷分析查找。根据配电自动化主站查看19号支4终端电池电压曲线记录及现场调查分析发现电池电压仅有17V左右，电池电压严重偏低。判断19号支4终端蓄电池因使用时间过久，蓄电池老化异常。

（3）缺陷处理。缺陷发生后，运维消缺人员赶到现场，拿到蓄电池备品，对蓄电池组进行更换，更换后19号支4终端电池电压正常。

5.21 超级电容异常

1. 缺陷描述

超级电容电量不足或不能提供电源支撑，导致设备失电情况下无法上传信息。

2. 原因分析

（1）安装问题。由于安装工艺、安装方式错误导致成套设备结构或功能损坏。

（2）设备问题。超级电容老化或故障。

（3）环境问题。

1）运行时，由于短路、接地等电力系统内部的故障导致蓄电池损坏。

2）运行时，由于自然灾害（台风、雷击、泥石流、洪水、污秽等）问题导致的超级电容结构损坏。

3. 对应消缺方法

（1）更换受损模块或设备，同时改进安装工艺和安装方式，避免出现暴力安装。

（2）更换受损模块。

（3）更换受损模块或整体，排查安装环境是否易发生自然灾害，必要时可更换安装点。

4. 相关案例

案例 35：超级电容异常案例

（1）缺陷表象。2016 年 11 月 11 日某供电公司线路因故障跳闸，跳闸后发现 17 号支 1 开关装有超级电容的终端在停电同一时刻离线。

（2）缺陷分析查找。根据现场调查分析：

1）现场通过失电测试，发现该 17 号支 1 终端在交流失电情况下，同时掉线。对该厂家新设备进行失电测试，发现新终端在失电情况下能持续运行 5min 以上，如图 5－8 所示。

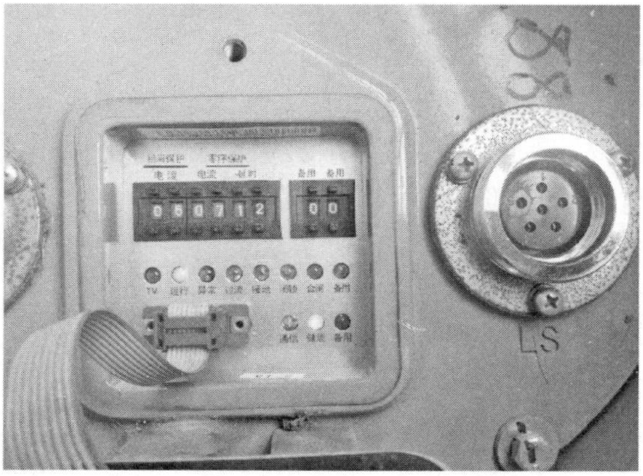

图 5－8　在分界开关终端 TV 灯灭

2）经现场调查得知 17 号支 1 终端为 2011 年 10 月 9 日出厂，设备已运行超5年。

判断17号支1分终端电容因使用时间过久，电容老化。

（3）缺陷处理。缺陷发生后，运维消缺人员赶到现场，更换超级电容。后对17号支1终端重新做失电测试试验，控制器可在交流失电情况下持续运行15min，缺陷消除。

5.22 终端离线

1. 缺陷描述

配电自动化主站显示终端设备离线。

2. 原因分析

（1）设备问题。

1）终端二次回路（遥控、遥信、电压、电流回路）导线故障。

2）TA、TV损坏。

3）一次设备损坏。

4）终端损坏。

5）超级电容、后备电源电池老化或故障。

6）设备内部出现凝露，导致设备线路、结构腐蚀。

（2）接线问题。

1）电流回路的二次线接触不良或断线。

2）TV二次线接触不良或断线。

（3）通信问题。

1）通信导线破损或受剧烈挤压，导致信号传输变差。

2）安装区域位于无信号或弱信号区，或位于两通信基站交汇处导致设备频繁切换与基站的通信连接。

3）光信号太强或太弱，导致成套设备与主站信息传递不稳定。

4）2G无线通信模块速率过低，无法满足终端与主站的数据交换。

5）无线模块通信协议问题。

6）无线模块天线较短导致信号差。

7）无线模块硬件损坏。

8）主站至变电站OLT，或变电站至设备ONU光路断开。

9）ONU故障。

（4）安装问题。由于安装工艺、安装方式错误导致成套设备结构或功能损坏。

（5）主站问题。配电自动化主站系统参数配置错误或缺陷。

（6）接线问题。终端内导线接触不良或断线。

3. 对应消缺方法

（1）设备主要消缺方法如下：

1）更换遥控回路受损模块。

2）更换 TA、TV。

3）更换一次设备。

4）更换终端。

5）更换超级电容，活化或更换电池。

6）清除凝露，增强设备密闭性。

（2）重新接线。

（3）通信主要消缺方法包括：

1）按照标准要求制作网线，同时选择良好侧走线路径，避免网线或数据线被挤压划伤影响数据传输。

2）重新选择安装位置或更改通信方式，同时修改图模，或联系运营商提高增加基站数量。

3）若光信号较强，可加装光衰器；若光信号较弱，可加装光信号增强器。

4）更换为 3G 或 4G 无线模块。

5）升级无线模块。

6）更换为长天线无线模块。

7）更换无线模块。

8）协调信通技术员消缺。

9）重启或更换 ONU。

（4）更换受损模块或设备，同时改进安装工艺和安装方式，避免出现暴力安装。

（5）上报配电自动化主站运维人员重新配置系统参数。

（6）重新接线。

4. 相关案例

案例 36：终端离线案例

（1）缺陷表象。2016 年 6 月 6 日某供电公司配电自动化主站反馈 19 号支 8 终端离线，要求现场运维人员前去消缺处理。

（2）缺陷分析查找。

1）到达现场后发现无线模块通信状态灯为熄灭状态，可确定为无线模块或手机卡故障。如图 5－9 所示。

2）通过笔记本计算机对无线模块参数配置进行查看，发现无线模块无法与笔记本建立通信连接。

3）对手机卡进行通信测试，手机卡功能正常。

判断 19 号支 8 终端无线模块故障导致终端设备离线。

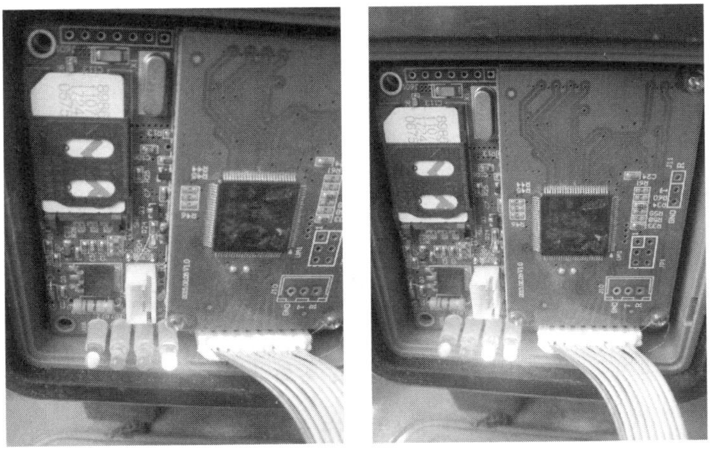

图 5-9　通信不正常模块与通信正常模块运行状态灯区别

（3）缺陷处理。缺陷发生后，运维消缺人员赶到现场更换无线模块备品，新模块在插上原通信卡后，正常上线，成套设备正常上线，缺陷消除。

5.23　终端频繁上下线

1. 缺陷描述

配电自动化主站显示架空无线通信终端频繁上下线。

2. 原因分析

（1）设备问题。

1）终端二次回路（遥控、遥信、电压、电流回路）导线故障。

2）TA、TV 损坏。

3）一次设备损坏。

4）终端损坏。

5）超级电容、后备电源电池老化或故障。

6）设备内部出现凝露，导致设备线路、结构腐蚀。

（2）接线问题。

1）电流回路的二次线接触不良或断线。

2）TV 二次线接触不良或断线。

（3）通信问题。

1）通信导线破损或受剧烈挤压，导致信号传输变差。

2）安装区域位于无信号或弱信号区，或位于两通信基站交汇处导致设备频繁切换与基站的通信连接。

3）光信号太强或太弱，导致成套设备与主站信息传递不稳定。

4）2G 无线通信模块速率过低，无法满足终端与主站的数据交换。

5）无线模块通信协议问题。

6）无线模块天线较短导致信号差。

7）无线模块硬件损坏。

8）主站至变电站 OLT，或变电站至设备 ONU 光路断开。

9）ONU 故障。

（4）安装问题。由于安装工艺、安装方式错误导致成套设备结构或功能损坏。

（5）主站问题。配电自动化主站系统参数配置错误或缺陷。

（6）接线问题。终端内导线接触不良或断线。

3. 对应消缺方法

（1）设备主要消缺方法如下：

1）更换遥控回路受损模块。

2）更换 TA、TV。

3）更换一次设备。

4）更换终端。

5）更换超级电容，活化或更换电池。

6）清除凝露，增强设备密闭性。

（2）重新接线。

（3）通信主要消缺方法包括：

1）按照标准要求制作网线，同时选择良好侧走线路径，避免网线或数据线被挤压划伤影响数据传输。

2）重新选择安装位置或更改通信方式，同时修改图模，或联系运营商提高增加基站数量。

3）若光信号较强，可加装光衰器；若光信号较弱，可加装光信号增强器。

4）更换为 3G 或 4G 无线模块。

5）升级无线模块。

6）更换为长天线无线模块。

7）更换无线模块。

8）协调信通技术员消缺。

9）重启或更换 ONU。

（4）更换受损模块或设备，同时改进安装工艺和安装方式，避免出现暴力安装。

（5）上报配电自动化主站运维人员重新配置系统参数。

（6）重新接线。

4. 相关案例

案例 37：终端频繁上下线案例

（1）缺陷表象。2016 年 5 月 8 日某供电公司配电自动化主站监测到 41 号支 2 终端在运行过程中频繁上下线，一天频繁上下线最多可达 400 次，且无规律。

（2）缺陷分析查找。

1）现场连接 41 号支 2 开关无线模块及终端，两则均能正常与笔记本连接，且参数配置均正常。

2）与运营商沟通，确认该地区刚进行过基站改造，通过测试确定 2G 信号不稳定，信号弱。判断 41 号支 2 终端因 2G 信号弱造成频繁上下线。

（3）缺陷处理。更换为 4G 模块。更换后一周内，确定终端频繁上下线情况消除，终端在线时间保持在 99.98%，缺陷消除。

5.24 终端外壳损坏

1. 缺陷描述

终端外壳损坏。

2. 原因分析

（1）运输问题。终端在安装之前由于装卸或运输途中出现碰撞导致终端外壳损坏。

（2）安装问题。终端在安装时由于安装工艺、安装方式错误导致终端外壳损坏。

（3）环境问题。终端在运行过程中由于受到人为的外力和其他不可抗拒外力的破坏，设备所安放的运行环境较恶劣等原因造成终端外壳损坏。

（4）设备问题。制造终端外壳使用材料较差，运行一段时间后自然损坏。

3. 对应消缺方法

（1）终端在装卸或运输时要避免出现晃动、倒置、碰撞、挤压等问题出现，终端与终端之间要加装防护垫。

（2）改进安装工艺和安装方式，避免出现暴力安装。

（3）检查设备安装位置在所处环境内是否容易受到外力破坏，保证设备有一个比较完善的运行环境。

（4）更换终端或终端外壳，检查同批次终端是否都存在相同问题，就问题终端向生产厂家提出改进意见。

4. 相关案例

案例 38：终端外壳损坏案例

（1）缺陷表象。配网主站运维人员异常巡视时发现某馈线 4 号开关终端离线，离线前有大量的终端信息误报。

（2）缺陷分析查找。根据主站信息分析，该终端有大量遥信误报，之后发生了终端离线，初步怀疑终端装置异常导致。

运维人员赶到某馈线 4 号开关现场，检查终端的运行情况。发现该终端运行灯不亮，打开检查盖，进一步检查终端运行情况发现终端拨码处有水滴。仔细检查发现终端外壳损坏。如图 5－10 所示。近期下雨时雨水从终端损坏处进入终端内部，导致装置损坏。

（3）缺陷处理。更换备用终端，缺陷消除。

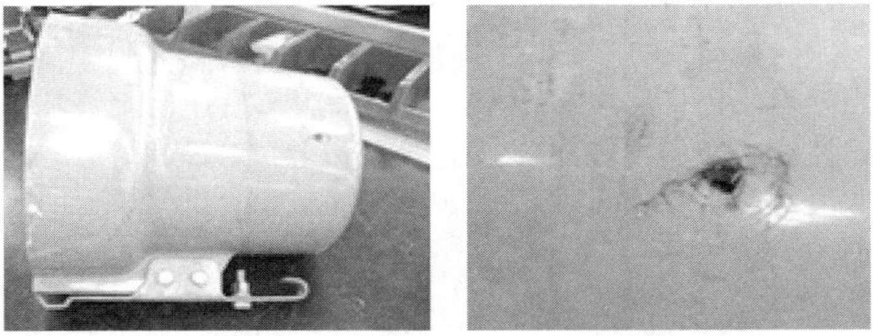

图 5－10 终端外壳损坏实物照片

5.25 终端指示灯与设备状态不一致

1. 缺陷描述

自动化设备在设备终端正常在线的情况下，自动化设备终端指示灯与设备状态不一致。

2. 原因分析

（1）设备问题：设备终端指示灯损坏，导致该故障。

（2）接线问题：接线排由于固定螺钉松动，导致的虚接，接线松动，导致该故障。

3. 对应消缺方法

（1）更换设备终端指示灯。

（2）现场排查二次接线是否接牢，固定螺钉有无松动。

4. 相关案例

案例 39：终端指示灯与设备状态不一致案例（一）

（1）缺陷表象。2016 年 8 月 16 日在对配电网自动化设备进行缺陷处理中发现终端指示灯与设备状态不一致，终端指示灯异常，当开关处于已储能时，终端储能指示灯不亮。

（2）缺陷分析查找。

1）运维消缺人员对终端指示灯接线进行检查，未发现接线松动或是接线损坏。

2）联系主站配合现场做储能变位操作，主站接收储能信号与现场一致。

根据以上情况判断，此缺陷是由于终端设备指示灯故障导致终端指示灯与设备状态不一致故障。

（3）缺陷处理。缺陷发生后，运维消缺人员更换终端指示灯，设备恢复正常，缺陷消除。

案例 40：终端指示灯与设备状态不一致案例（二）

（1）缺陷表现。2016 年 5 月 6 日，某供电局的配电自动化运维人员在进行终端巡视时发现某馈线 25 号终端故障告警灯处于常亮状态。

（2）缺陷分析查找。

1）运维人员退出该终端的保护跳闸功能，防止误操作导致开关跳闸。

2）运维人员用电脑连接终端，检查终端定值设置无误，大于正常负荷电流。

3）运维人员导出终端历史 SOE，发现于 2016 年 4 月 20 日曾经发生过一起速断跳闸时间，终端在 5s 内重合成功，说明发生的是瞬时故障。按照终端正常运行逻辑，如没有手动复归，则终端告警灯应在 8h 后自动复归。但直至运维人员巡视时，该终端告警灯一直处于常亮状态，并未自动复归。表明终端程序出现异常，导致无法自动复归告警。

4）运维人员用“复归”手柄手动复归，但终端告警灯并未消失，表明终端“复归”手柄也可能出现故障。

（3）缺陷处理。经过以上分析判断，导致终端故障告警灯常亮的两个原因为终端程序故障，无法自动复归，同时终端手动“复归”旋钮故障，无法手动复归。由于是罩式终端，无法在现场进行消缺处理。故运维人员反馈给上级部门后，决定拆除该终端返厂维修，并更换新的终端，缺陷消除。

5.26 开关损坏

1. 缺陷描述

现场对开关进行手动操作时，开关不合闸。

2. 原因分析

（1）运输问题：安装前包装、运输等原因导致开关结构损坏。

（2）安装问题：安装方式错误、暴力施工等原因导致结构损坏。

（3）环境问题：运行时人为损坏或由于自然灾害等外部环境问题导致的设备结构损坏。

（4）设备问题：设备料质量问题导致设备运行一段时间后自然损坏。

3. 对应消缺方法

（1）排查同批次开关结构运输过程中的损坏率，验证该批次开关结构是否存在质量问题。

（2）优化改进开关结构的施工方式，防止暴力施工损坏设备。

（3）排查开关结构现场安装环境是否易发生自然灾害等外部环境问题，必要时可更换安装点。

（4）现场更换该开关结构，并对该厂家的同批次开关结构进行同类问题全面排查。

4. 相关案例

案例 41：开关损坏导致无法进行手动合闸操作

（1）缺陷表象。2016 年 6 月 14 日某供电公司对某馈线计划停电检修，对 57 号开关进行手动合闸操作试验时无法对开关合闸。

（2）缺陷分析查找。

1）运维人员根据现象判断开关故障，需要打开机构罩检查。

2）机构罩打开后检查发现开关机械机构的合闸转轴拨片断开，导致无法进行手动合闸操作。如图 5－11 所示。

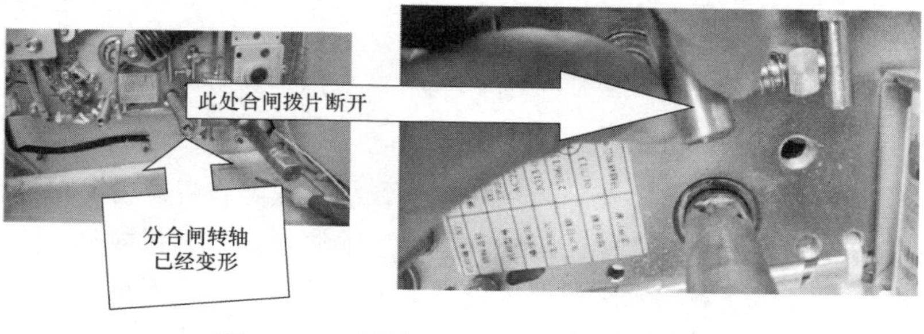

图 5－11　开关机械机构合闸转轴断裂图

（3）缺陷处理。使用备用操动机构对该开关故障机构进行更换。更换完成后手动合闸正常，缺陷消除。

5.27　TV 外壳损坏

1. 缺陷描述

TV 外壳损坏。

2. 原因分析

（1）环境问题：设备在运行时由于短路故障、雷击导致 TV 击穿损坏。

（2）安装问题。施工不当导致外壳损坏。

（3）设备问题：厂家生产材料质量问题导致运行一段时间后自然损坏。

3. 对应消缺方法

整体更换 TV。

4. 相关案例

案例 42：TV 外壳损坏案例

（1）缺陷表象。某供电公司 10kV 某馈线 9 号开关电源 TV 由于雷击导致 TV 损坏，TV 外壳炸裂，设备失去主供电源离线。如图 5－12 所示。

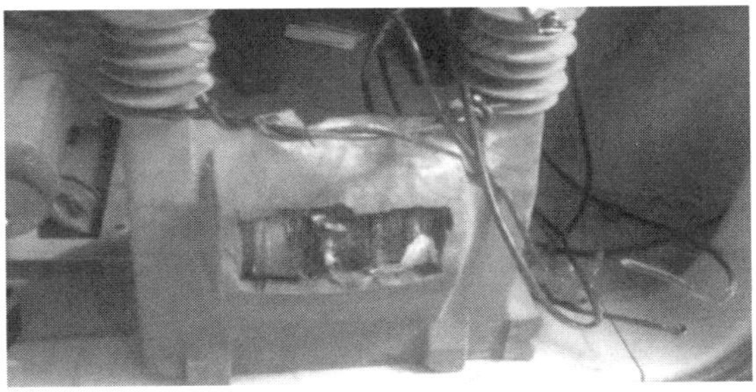

图 5－12　外壳损坏的 TV

（2）缺陷分析查找。故障发生后运维人员到达现场了解情况，现场咨询附近居民，得知 2h 前有雷电击中该设备。该 TV 雷击后绝缘破坏。

（3）缺陷处理。运维人员对该线安排停电计划，现场更换 TV，送电后设备运行正常，缺陷消除。

6 故障指示器典型缺陷及消缺方法

根据故障指示器的缺陷种类，将缺陷分为参数问题、安装问题、相序问题、设备问题、主站问题、通信问题、高阻问题、低负荷问题和运输问题故障 9 大类，具体细类及消缺方法见表 6－1。

表 6－1　　故障指示器典型缺陷及消缺方法汇总表

序号	故障大类	故　障　系　类	消　缺　方　法
1	参数问题	（1）故障指示器短路故障告警电流阈值配置错误； （2）故障指示器接地故障告警电流阈值配置错误； （3）采集单元变比设置错误； （4）故障指示器内部参数类型配置错误； （5）主站软件中参数变比错误； （6）采集单元采样精度未校准； （7）IP、链路地址（公共地址）、波特率、端口号等通信参数配置错误； （8）其他参数配置问题	（1）～（8）使用继保测试仪校准，并使用调试软件或者主站软件重新配置相关参数。修正后应总招数据，并与同条馈线的其他故障指示器值相比对
2	安装问题	（1）安装地点和图模不一致； （2）采集单元卡件结构上的互感器未完全闭合； （3）汇集单元太阳能板被遮挡原因导致光照不足； （4）汇集单元太阳能板或表面污秽严重，导致光照不足； （5）汇集单元太阳能板功率过小； （6）外部环境因数（如车祸、台风、历史流等）干扰下出现设备位置移位、结构松动； （7）安装方式错误、暴力施工等原因导致设备位置移位、内部元器件结构松动； （8）汇集单元电源开关未启动； （9）故障指示器受环境干扰出现死机情况； （10）其他安装问题	（1）重新安装设备或修改图模； （2）重新安装采集单元； （3）调整汇集单元太阳能板朝向、清除遮挡物或重新选择光线的杆塔； （4）清除故障指示器太阳能板的遮挡障碍物、污秽等； （5）更换功率较大的太阳能板； （6）重新安装采集单元、修改图模或更换安装地点； （7）重新安装设备，紧固接口，同时优化改进故障指示器的施工方式，防止暴力施工损坏设备； （8）开启电源开关； （9）重启或更换故障指示器，观察是否还会出现死机情况，若问题仍存在，则可能仍存在干扰源，需排除干扰源、更换通信频段或重新规划安装位置； （10）其他解决方法

续表

序号	故障大类	故障系类	消缺方法
3	相序问题	（1）采集单元建模相序错误； （2）A、B、C 三相相序安装错误； （3）采集单元安装方向颠倒（仅限具备录波功能故障指示器）； （4）其他相序问题	（1）～（4）排查故障指示器 A、B、C 相采集单元与主站建模的相位是否一致，如错误，则需修改图模型或重新安装采集单元
4	设备问题	（1）采集单元互感器饱和； （2）采集单元互感器精度不足； （3）采集单元内部芯片或软件故障； （4）采集单元电池电量不足； （5）采集单元死机； （6）采集单元的翻牌结构损坏； （7）汇集单元通信模块故障； （8）汇集单元太阳能板损坏或严重老化； （9）汇集单元电池损坏或电量过低； （10）设备外壳材料质量问题导致自然损坏； （11）采集单元温湿度传感器损害； （12）其他设备问题	（1）～（12）更换故障指示器故障部件或更换整体。同时排查同一类型设备是否有家族型缺陷
5	主站问题	（1）主站系统原因导致录波波形错误； （2）对时错误； （3）主站软件问题； （4）其他主站问题等	（1）～（4）上报主站运维人员消缺
6	通信问题	（1）运营商通信网络故障，如光缆被挖断； （2）主站通信故障，如前置机故障； （3）现场处于弱信号区或无信号区； （4）汇集单元与采集单元通信距离过远； （5）现场外来移动终端数量过大导致移动基站过载，引起频繁掉线； （6）设备安装位置的本地无线信号存在干扰； （7）汇集单元 SIM 卡未装、SIM 卡欠费、SIM 卡未开通数据服务等； （8）其他通信问题等	（1）要求移动运营商排除故障； （2）上报主站运维人员消缺； （3）采用更换长天线、重新规划安装位置等； （4）重新安装，缩短汇集单元与采集单元安装距离； （5）重新规划安装位置或要求移动运营商对基站扩容； （6）重新规划安装位置或更改通信频段； （7）重新安装 SIM 卡、充值话费、联系通信服务商确认通信数据服务情况，必要时更换 SIM 卡； （8）其他解决方法
7	高阻问题	零序电流幅值过低，难以检测	无须更换故障指示器
8	低负荷问题	线路运行负荷太小（小于 10A）导致采集单元无法有效感应取电，采集单元电源寿命小于规定寿命	重新选择用电负荷满足取电要求的线路安装该故障指示器，电池接近警戒值时应或更换采集单元
9	运输问题	（1）安装前，包装、运输等原因导致故障指示器结构损坏； （2）其他运输问题	（1）～（2）更换设备

以下将根据故障表象，结合具体案例，详细介绍故障指示器的典型故障和消缺方法。

6.1 短路告警误报

1. 缺陷描述

在故障指示器所在相实际未发生短路情况下，故障指示器上报主站短路故障告警事件。

2. 原因分析

（1）参数问题。参数配置错误导致短路误报。

1）故障指示器电流动作阈值配置太小。

2）采集单元变比设置错误。

3）汇集单元参数类型配置错误。

4）主站软件中参数变比错误。

（2）安装问题。施工、安装、选址等错误导致短路误报。

1）安装地点和图模不一致。

2）采集单元卡件结构上的互感器未完全闭合。

（3）相序问题。采集单元相序错误导致短路告警误报。

1）采集单元建模相序错误。

2）A、B、C 三相相序安装错误。

（4）设备问题。故障指示器本身元器件故障导致误报短路故障。

采集单元互感器精度不足。

3. 对应消缺方法

（1）使用继电保护测试仪校准，并使用调试软件或者主站软件重新配置相关参数。修正后应总招数据，并与同条馈线的其他故障指示器值相比对。

（2）重新安装设备或修改图模。

（3）排查故障指示器 A、B、C 相采集单元与主站建模的相位是否一致，如错误，则需修改图模型或重新安装采集单元。

（4）更换故障指示器。

4. 相关案例

案例 43：故障指示器短路故障告警误报案例（一）

（1）缺陷表象。2016 年 4 月 29 日 13:25 某供电公司某馈线发生负荷突降情况，配电自动化主站显示 44 号、66 号、支路 2 号三套故障指示器上报短路故障报警，遂安排抢修人员前往现场抢修。现场反馈 44 号杆 229 开关跳闸，支路 8 号杆用户侧两相导线短路，如图 6－1 所示。根据现场反馈情况，确认位于跳闸点前侧的 44 号误报短路故障告警。

（2）缺陷分析查找。根据配电自动化主站遥信、遥测历史记录分析：

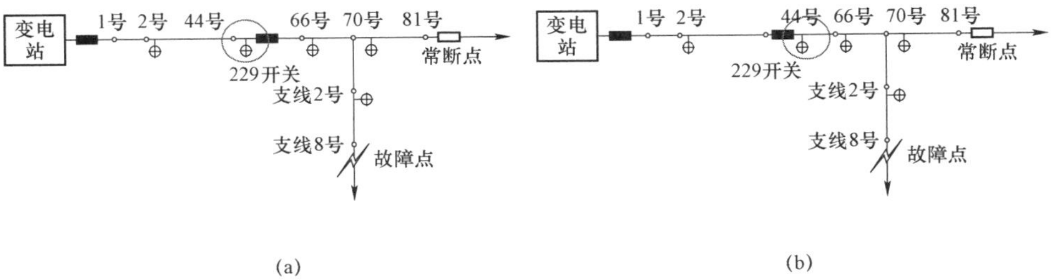

图 6－1　故障指示器安装示意图

（a）主站显示故障指示器位置；（b）故障指示器实际安装位置

1） 44 号故障指示器、66 号故障指示器、支路 2 号故障指示器上报短路故障报警时刻接近，分别是 13:24:48，13:24:36，13:24:50，确认为同一次故障引起的遥信。

2） 44 号故障指示器、66 号故障指示器、支路 2 号故障指示器所报故障类型一致，均为 B、C 相短路，故障电流接近，分别为 460A，440A。

3） 线路正常运行时，44 号故障指示器遥测正常。

4） 调试单显示，故障指示器调试合格。

通过以上缺陷分析，可判断是由于安装错误问题导致的缺陷。

（3）缺陷处理。缺陷发生后，运维消缺人员赶到现场，发现指示器探头安装位置与图模不一致，安装于开关前侧，即开关向电源方向。当线路故障开关保护跳闸后，故障指示器检测到电流突变量超过动作阈值，且负荷迅速突降至 0，满足其短路故障研判依据要求，故障指示器判定发生短路故障。遂要求运维消缺人员变更指示器探头安装位置，改装至开关后侧，缺陷消除。

6.2 接地故障告警误报

1. 缺陷描述

在故障指示器所在相实际未发生接地故障告警情况下，故障指示器上报接地故障告警事件。

2. 原因分析

（1）参数问题。参数配置错误，导致故障指示器误报接地故障。

1） 故障指示器接地电流动作阈值配置太小。

2） 采集单元变比设置错误故障指示器内部参数类型配置错误。

3） 主站软件中参数变比错误。

（2）安装问题。故障指示器采集单元安装不正确导致采集三相电流值不准确，误报接地故障。

1）安装地点和图模不一致。

2）采集单元卡件结构上的互感器未完全闭合等。

（3）相序问题。采集单元建模相序错误，A、B、C 三相相序安装错误等导致主站中显示的非故障相故障指示器误报接地故障。

（4）设备问题。故障指示器本身元器件故障导致误报接地故障。包括采集单元互感器精度不足等。

3. 对应消缺方法

（1）使用继电保护测试仪校准，并使用调试软件或者主站软件重新配置相关参数。修正后应总招数据，并与同条馈线的其他故障指示器值相比对。

（2）重新安装设备或修改图模。

（3）排查故障指示器 A、B、C 相采集单元与主站建模的相位是否一致，如错误，则需修改图模型或重新安装采集单元。

（4）更换故障指示器。

案例 44：故障指示器接地故障告警误报案例

（1）缺陷表象。2017 年 1 月 17 日 11:14 某供电公司配电自动化主站显示 17 号故障指示器 A 相上报接地故障报警，遂安排抢修人员前往现场抢修。现场反馈无故障，且直至事发后 2h，配电自动化主站未收到相关保护装置录波启动、开关跳闸信号，确认位于 17 号故障指示器 A 相接地故障误报警。

（2）缺陷分析查找。根据配电自动化主站遥信、遥测历史记录及现场情况分析：

1）点表配置正常，且总召的遥测遥信数据正常，排除通信问题。

2）现场查看设备安装位置及核对图表，未发现安装错误，排除安装和相序问题。

3）该故障指示器在近期内有多次上报接地故障情况。

通过以上缺陷分析，可判断是设备参数或质量问题导致的缺陷。

（3）缺陷消缺。缺陷发生后，运维消缺人员赶到现场，拆卸设备开展单相接地故障试验检测。试验中发现单相接地参数配置错误，电场变化值为 10%时即启动研判，导致当电场细微变化时，频繁误判。修改电场变化值后，未出现类似情况，缺陷消除。

6.3 短路告警漏报

1. 缺陷描述

在现场实际发生短路告警情况下，故障指示器未正确上报主站短路告警事件。

2. 原因分析

（1）参数配置问题。参数配置错误，导致故障指示器漏报短路故障。

1） 故障指示器短路故障告警电流阈值配置偏大。

2） 采集单元变比设置错误。

3） 主站参数变比错误。

4） 故障指示器内部参数类型配置错误。

（2）安装问题。安装错误，导致采集三相电流值误差大，漏报短路故障。

1） 安装地点和图模不一致。

2） 采集单元卡件结构上的互感器未完全闭合。

（3）设备问题。故障指示器采集单元设备本身故障导致漏报短路故障。

采集单元互感器精度不足等。

（4）通信问题。通信问题导致主站未正常接收到短路故障信息。

1） 运营商通信网络故障。

2） 主站通信故障，现场处于弱信号区或无信号区。

3） 汇集单元与采集单元通信距离过远。

4） 现场外来移动终端数量过大导致移动基站过载引起频繁掉线。

5） 设备安装位置的本地无线信号存在干扰。

6） 汇集单元 SIM 卡未装、SIM 卡欠费、SIM 卡未开通数据服务等。

3. 对应消缺方法

（1）使用继电保护测试仪校准，并使用调试软件或者主站软件重新配置相关参数。修正后应总招数据，并与同条馈线的其他故障指示器值相比对。

（2）重新安装设备或修改图模。

（3）更换故障指示器故障部件或更换整体，同时排查同一类型设备是否有家族型缺陷。

（4）消缺方法主要包括：

1） 要求移动运营商排除故障。

2） 上报主站运维人员消缺。

3） 采用更换长天线、重新规划安装位置等。

4） 重新安装，缩短汇集单元与采集单元安装距离。

5） 重新规划安装位置或要求移动运营商对基站扩容。

6） 重新规划安装位置或更改通信频段。

4. 相关案例

案例 45：故障指示器短路告警漏报案例

（1）缺陷表象。2017 年 3 月 18 日 12:25 某供电公司某馈线 617 开关过流Ⅱ段动作，重合失败。现场查看后，发现 B、C 相短路故障。16 号组故障指示器位于故障点和分闸点之间，应动作告警，但配电自动化主站显示位于主干线的 16 号故障指示器 C 相上报短路故障报警，B 相漏报短路故障。

（2）缺陷分析查找。根据配电自动化主站遥信、遥测历史记录分析：

1）采集单元可正常上送遥测值，排除通信问题。

2）在主站查看参数配置，未发现异常。

3）根据历史数据及复电后实时总招数据，采集单元测量到的电压正常，排除设备问题。

4）B 相故障电流遥测值为 0A，A、B 相负荷电流遥测值与 C 相相差较大、分别为 18A、20A，60A。

通过以上缺陷分析，可判断是由于安装问题导致的缺陷。

（3）缺陷处理。缺陷发生后，安排抢修人员前往现场抢修，确认位于 16 号故障指示器漏报 B 相短路故障。运维消缺人员赶到现场，对设备进行全面的检查，发现设备正常。但指示器探头安装位置错误，A、B 相指示器探头安装于线路分支处，C 相安装于主干线上，现场故障排查线路实拍如图 6－2 所示。

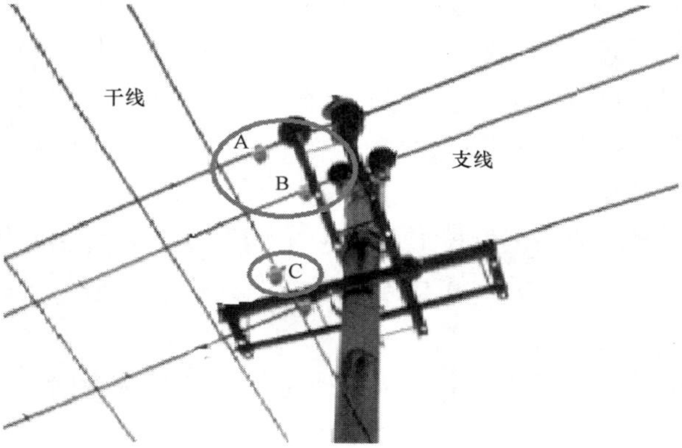

图 6－2　现场故障排查线路实拍图

随即要求运维消缺人员变更指示器探头安装位置，将 A、B 相指示器探头安装至主干线上，调试完成上电后主站遥测电流录波波形如图 6－3 所示，缺陷消除。

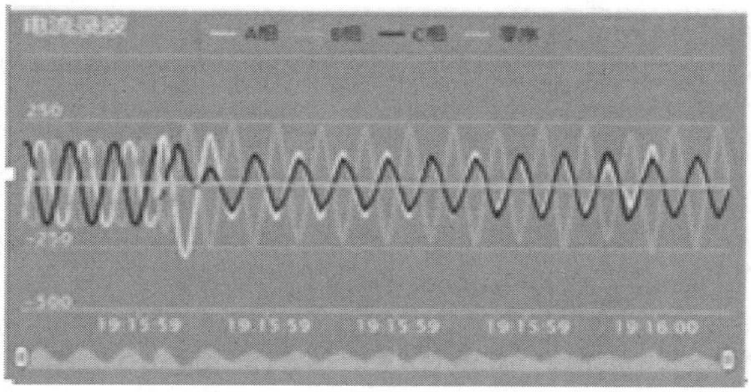

图 6－3　故障消缺后电流录波波形图

6.4 接地故障告警漏报

1. 缺陷描述

在现场实际发生接地故障情况下，故障指示器应报却未报接地故障告警事件。

2. 原因分析

（1）参数配置问题。参数配置错误，导致故障指示器漏报接地故障。

1）故障指示器接地故障告警电流阈值配置偏大。

2）采集单元变比设置错误。

3）主站参数变比错误。

4）故障指示器内部参数类型配置错误。

（2）安装问题。安装错误，导致采集三相电流值误差大，漏报接地故障。

1）安装地点和图模不一致。

2）采集单元卡件结构上的互感器未完全闭合。

（3）设备问题。故障指示器采集单元设备本身故障导致漏报接地故障。

采集单元互感器精度不足等。

（4）通信问题。通信问题导致主站未正常接收到接地故障信息。

1）运营商通信网络故障。

2）主站通信故障，现场处于弱信号区或无信号区。

3）汇集单元与采集单元通信距离过远。

4）现场外来移动终端数量过大导致移动基站过载引起频繁掉线。

5）设备安装位置的本地无线信号存在干扰。

6）汇集单元 SIM 卡未装、SIM 卡欠费、SIM 卡未开通数据服务等。

（5）高阻问题。零序电流幅值过低，难以检测。

3. 对应消缺方法

（1）使用继电保护测试仪校准，并使用调试软件或者主站软件重新配置相关参数。修正后应总招数据，并与同条馈线的其他故障指示器值相比对。

（2）重新安装设备或修改图模。

（3）更换故障指示器故障部件或更换整体，同时排查同一类型设备是否有家族型缺陷。

（4）通信消缺方法主要包括：

1）要求移动运营商排除故障。

2）上报主站运维人员消缺。

3）采用更换长天线、重新规划安装位置等。

4）重新安装，缩短汇集单元与采集单元安装距离。

5）重新规划安装位置或要求移动运营商对基站扩容。

6）重新规划安装位置或更改通信频段。

（5）无须更换故障指示器。

4. 相关案例

案例 46：故障指示器接地故障告警漏报案例

（1）缺陷表象。2016 年 12 月 28 日 10:03 某供电公司某馈线发生 C 相单相接地故障，配电自动化主站根据多套故障指示器的故障信息，虽研判正确，但故障区域内 16 号故障指示器 C 相未上报接地故障，遂安排抢修人员前往现场抢修。根据现场反馈情况，确认位于 16 号故障指示器漏报 C 相接地故障。

（2）缺陷分析查找。根据现场情况、配电自动化主站遥信、遥测历史记录分析：

1）根据历史记录，发现主站监测到该故障指示器的心跳信息，排除通信故障。

2）现场确实发生 C 相单相接地故障，且该故障指示器应报却未报接地故障信号。

3）在现场召测汇集单元内部存储的数据，未发现有 C 相的接地故障信息。

4）总召采集单元的负荷电流数据，发现 C 相的电流值为 10A，远低于 A 相 79.5A、B 相 70.6A。

通过以上缺陷分析，可判断是设备或参数问题导致的缺陷。

（3）缺陷处理。缺陷发生后，运维消缺人员赶到现场，对设备进行全面的检查，发现采集单元互感器开关未完全闭合。修复后，利用继电保护测试仪校准，重新安装，主站监测到该采集单元遥测精度正常，未再发送类似故障，缺陷消除。

6.5 遥信信号上报时间偏差大

1. 缺陷描述

故障指示器的 SOE 报文内故障时刻与主站接收到报文时刻的误差超过 5min 以上。

2. 原因分析

（1）通信问题。通信信号中断，无法及时完成遥信告警事件上送。

1）运营商通信网络故障，如光缆被挖断。

2）主站通信故障，如前置机故障。

3）现场处于弱信号区或无信号区。

4）汇集单元与采集单元通信距离过远。

5）设备安装位置的本地无线信号存在干扰。

6）汇集单元SIM卡未装、SIM卡欠费、SIM卡未开通数据服务等。

（2）主站问题。由于故障指示器运行中时钟与实际时间不同，从而导致遥信信号上报时间超差。

1）为对时错误。

2）主站软件问题。

3. 对应消缺方法

（1）消缺方法主要包括：

1）要求移动运营商排除故障。

2）上报主站运维人员消缺。

3）采用更换长天线、重新规划安装位置等。

4）重新安装，缩短汇集单元与采集单元安装距离。

5）重新规划安装位置或更改通信频段。

6）重新安装SIM卡、充值话费、联系通信服务商确认通信数据服务情况，必要时更换SIM卡。

（2）通过主站远程命令对故障指示器进行周期对时，以保障故障指示器时钟与主站系统保持一致。

4. 相关案例

案例47：故障指示器遥信信号上报时间偏差大案例

（1）缺陷表象。2016年7月28日23:25，某供电公司某馈线过流Ⅰ段跳闸，重合失败。从主站测到负荷侧的位置排序依次为2号、25号、43号、70号故障指示器，配电自动化主站显示2号故障指示器、25号故障指示器、70号故障指示器上报A、B、C相短路故障，43号故障指示器无故障信号上报，配电自动化主站根据自动化设备信息，定位故障区段位于70号杆后侧。23:56收到43号故障指示器短路故障报警，配电自动化主站人员登记43号故障指示器遥信信号上报时间偏差缺陷。

（2）缺陷分析查找。根据配电自动化主站遥信、遥测历史记录分析：

1）43号故障指示器的通信信号强度长期处于$-75\sim-90$dBm，属于弱信号区域。

2）安装验收单显示，故障指示器安装时信号强度为-76dBm。怀疑是由于安装区域信号强度弱导致。

通过以上缺陷分析，可判断是通信问题导致的缺陷。

（3）缺陷处理。缺陷发生后，运维消缺人员赶到现场，对设备进行全面的检查，发现设备正常，确认设备安装区域信号覆盖条件差。联系移动通信服务商确认该区域信号覆盖差，短期内无法增强。于是，变更故障指示器安装位置，重新选择一个信号较佳的区域安装，并发起异动修改对应图模。故障指示器上线后远程遥测、遥信都恢复正常，缺陷消除。

6.6 电流遥测值与实际偏差较大

1. 缺陷描述

故障指示器采集上送的电流值与实际线路负荷偏差较大。

2. 原因分析

（1）安装问题。故障指示器采集单元安装错误数据采集偏差。

1） 安装地点和图模不一致。

2） 故障指示器采集单元采样精度未校准。

3） 采集单元卡件结构上的互感器未完全闭合。

（2）参数问题。故障指示器参数配置错误，该故障经调试后可恢复。

1） 采集单元变比设置错误。

2） 故障指示器内部参数类型配置错误。

3） 主站软件中参数变比错误。

4） 采集单元采样精度未校准。

（3）设备问题。故障指示器本身元器件故障。

1） 采集单元互感器饱和。

2） 采集单元互感器精度不足。

3. 对应消缺方法

（1）重新安装设备或修改图模。

（2）使用继电保护测试仪校准，并使用调试软件或者主站软件重新配置相关参数。修正后应总招数据，并与同条馈线的其他故障指示器值相比对。

（3）更换故障指示器采集单元。

4. 相关案例

案例 48：故障指示器三相电流遥测值偏差较大案例（一）

（1）缺陷表象。2016 年 10 月 23 日，某供电公司配电自动化主站发现 17 号故障指示器和支线 3 号故障指示器负荷电流数据从安装上线开始就持续异常，负荷电流遥测值，与上下游故障指示器负荷电流遥测值相比不合理，遂通知运维人员消缺。

（2）缺陷分析查找。根据配电自动化主站遥测历史记录和调试记录单分析：

1） 17 号故障指示器和支线 3 号故障指示器在安装后即存在负荷电流数据相对大小不合理。17 号故障指示器遥测值为 10.7A、11.2A、12.1A，其上下游故障指示器遥测值均为 52A 左右。3 号故障指示器遥测值为 49.2A、52.2A、53.3A，其上下游故障指示器遥测值均为 11A 左右。

2）调试单显示，17 号故障指示器和支线 3 号故障指示器调试合格。

通过以上缺陷分析，可判断是安装问题导致的缺陷。

（3）缺陷处理。缺陷发生后，运维消缺人员赶到现场，对设备进行全面的检查，发现设备与安装位置不对应，两个故障指示器杆点位置装反。重新安装后，两套故障指示器与上下游故障指示器负荷电流遥测值相一致，缺陷消除。

案例 49：故障指示器三相电流遥测值偏差较大案例（二）

（1）缺陷表象。某供电公司于 2017 年 1 月 6 日于 S 路 16－2 号杆安装 1 套架空线路故障指示器，设备运行一段时间后，在 2016 年 3 月 20 日之后发现 B 相电流值明显低于 A/C 相电流值并且 B 相采集单元取电电压只有 0.72V，主站遥测数据如图 6－4 所示。

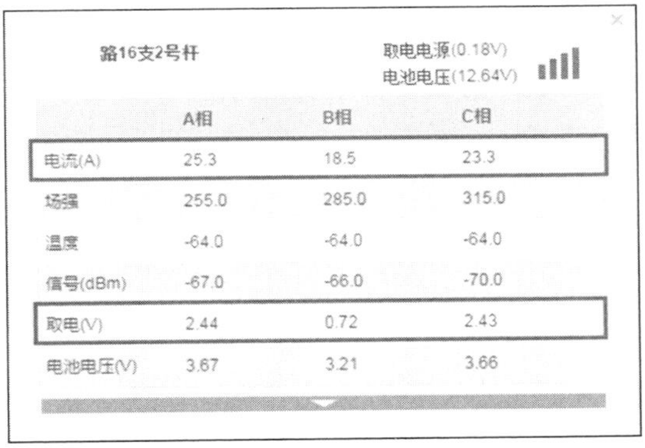

图 6－4　主站遥测数据示意图

（2）缺陷分析查找。根据以下特征：

1）主站遥测数据显示，该故障指示器 B 相负荷曲线明显低于 A/C 相负荷曲线，主站遥测电压曲线如图 6－5 所示。

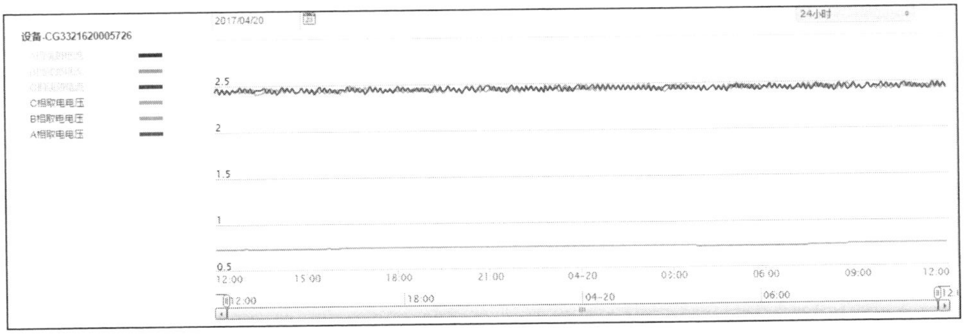

图 6－5　主站遥测电压曲线图

2）通过主站排查该线路上相邻点的额三相电流值偏差情况，未发现有偏差较大的现象，主站遥测电流曲线如图 6－6 所示。

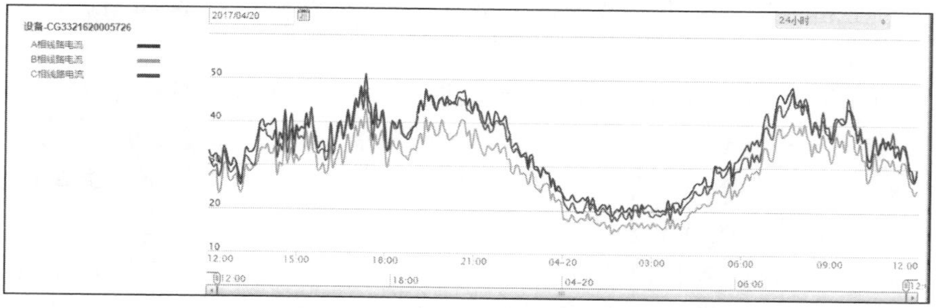

图 6－6　主站遥测电流曲线图

3）改监测点 B 相采集单元取电电压明显偏低。

通过以上缺陷分析，可判断是设备安装问题导致的缺陷。

（3）缺陷处理。根据缺陷分析结果，运维人员对设备进行全面的检查，发现设备安装状态存在问题，采集单元互感器未完全闭合。重装采集单元，主站总招遥测电流值后，B 相采集单元电流值为 24.7A，数据正常，缺陷消除。

6.7　录波波形数据异常

1. 缺陷描述

故障指示器采集上送的录波波形错误，与实际线路情况不一致。

2. 原因分析

（1）安装问题。故障指示器采集单元安装错误数据采集偏差。

1）安装地点和图模不一致。

2）故障指示器采集单元采样精度未校准。

3）采集单元卡件结构上的互感器未完全闭合。

（2）参数问题。故障指示器参数配置错误，该故障经调试后可恢复。

1）采集单元变比设置错误。

2）故障指示器内部参数类型配置错误。

3）主站软件中参数变比错误。

4）采集单元采样精度未校准。

（3）设备问题。故障指示器本身元器件故障。

1）采集单元互感器饱和。

2）采集单元互感器精度不足。

（4）主站问题。

1）采集单元建模相序错误。

2）A、B、C 三相相序安装错误。

3）采集单元安装方向颠倒（仅限具备录波功能故障指示器）。

（5）主站问题。主站内部软件或者对时等问题，导致无法转换故障指示器上送的正确波形文件。

1）对时错误。由于故障指示器运行中时钟与实际时间不同，从而导致遥信信号上报时间超差。

2）主站软件问题。无法识别波形文件等。

3. 对应消缺方法

（1）重新安装设备或修改图模。

（2）使用继电保护测试仪校准，并使用调试软件或者主站软件重新配置相关参数。修正后应总招数据，并与同条馈线的其他故障指示器值相比对。

（3）更换故障指示器采集单元。

（4）排查故障指示器 A、B、C 相采集单元与主站建模的相位是否一致，如错误，则需修改图模型或重新安装采集单元。

（5）对时问题通过主站远程命令对故障指示器进行周期对时，以保障故障指示器时钟与主站系统保持一致。主站软件问题由运维人员向主站运维人员申请故障消缺。

4. 相关案例

案例 50：故障指示器录波波形异常案例（一）

（1）缺陷表象。2016 年 4 月 17 日 5:10 某供电公司配电自动化主站发现 1 号故障指示器常出现零序电流波形，而线路未出现故障，通知运维人员消缺。

（2）缺陷分析查找。根据配电自动化主站波形文件历史记录进行分析：

1）线路未出现故障，1 号故障指示器常出现零序电流波形，排除主站问题。

2）总召实时波形数据，核对参数，发现三相波形未对时。

通过以上缺陷分析，可判断是对时问题导致的缺陷。

（3）缺陷处理。缺陷发生后，运维人员在主站发生对时命令，对时后，再次总召，录波波形数据异常情况消失。

案例 51：故障指示器录波波形异常案例（二）

（1）缺陷表象。某供电公司于 2016 年 1 月 30 日安装了 50 套架空线路故障指示器设备，设备投运后，出现了多套设备的录波波形与线路实际情况不匹配的情况。具体为线路未发生短路故障的情况下，多套故障指示器上送的三相负荷电流波形合成较大的零序电流。

（2）缺陷分析查找。根据配电自动化主站波形文件历史记录进行分析：

1）该批次故障指示器设备交接试验记录都为合格。

2）检查该批次故障指示器安装工单记录，都为同一批次、同一批施工人员安装。

3）根据运维经验判断，出现如此多的录波波形异常，除去个别的设备损坏或死机造成的录波波形异常，其余的类似问题多是由于负责录波的采集单元安装错误造成。

通过以上缺陷分析，可判断是设备安装问题导致的缺陷。

（3）缺陷处理。缺陷发生后，运维消缺人员赶到现场，对设备进行全面的检查，发现故障指示器多只采集单元安装潮流方向安装反向。重新安装故障指示器采集单元后，录波波形数据异常情况消失，缺陷消除。

6.8 温湿度遥测值异常

1. 缺陷描述

故障指示器上送的温湿度遥测数值异常。

2. 原因分析

（1）安装问题。故障指示器采集单元安装错误数据采集偏差。

安装地点和图模不一致。

（2）参数问题。故障指示器温湿度参数配置错误，该故障经调试后可恢复。

1）采集单元温湿度变比设置错误。

2）故障指示器内部温湿度参数类型配置错误。

3）主站软件中温湿度参数变比错误。

4）采集单元温湿度采样精度未校准。

（3）设备问题。故障指示器本身元器件故障。

温湿度传感器损坏。

3. 对应消缺方法

（1）重新安装设备或修改图模。

（2）重新配置温湿度数据参数。

（3）更换故障指示器采集单元。

4. 相关案例

案例 52：故障指示器温湿度遥测值异常案例

（1）缺陷表象。某供电公司某馈线 10 号故障指示器、11 号故障指示器、12 号故障指示器于 2016 年 9 月发现温度数据遥测值都为 70℃以上，与设备实际现场的工作环境不符。

（2）缺陷分析查找。根据配电自动化主站遥测历史记录分析：

1）这三台故障指示器温度显示值为 75℃、78℃、72℃，湿度为 21%RH、

23%RH、22%RH。

2）调试单显示，问题故障指示器调试属于同一批次。

通过以上缺陷分析，可判断是参数配置问题导致的缺陷。

（3）缺陷处理。缺陷发生后，运维消缺人员赶到现场，对设备进行全面的检查，发现设备点表配置错误。通过重新配置点表，解决了问题，同时对同批次安装所有设备进行了全面检查，及时处理类似的问题，缺陷消除。

6.9 采集单元后备电源电池电压低

1. 缺陷描述

故障指示器上报的采集单元后备电源电池电压值过低。

2. 原因分析

（1）低负荷问题。线路运行负荷太小（小于 10A）导致采集单元无法有效感应取电，采集单元后备电源电池电量过度消耗引起电池电压低的情况，采集单元电源寿命小于规定寿命。

（2）设备问题。故障指示器本身元器件故障。

采集单元电池电量不足。

（3）参数问题。故障指示器点表配置参数错误。

1）采集单元变比设置错误。

2）故障指示器内部参数类型配置错误。

3）主站软件中参数变比错误。

3. 对应消缺方法

（1）重新选择用电负荷满足取电要求的线路安装该故障指示器，电池接近警戒值时应或更换采集单元。

（2）更换采集单元。

（3）重新配置故障指示器电池电压参数。

4. 相关案例

案例 53：故障指示器采集单元电池电压低案例

（1）缺陷表象。某供电公司于 2015 年 12 月 12 日于 10kV 南环Ⅰ线 26 号杆安装 1 套架空线路故障指示器，设备运行一段时间后，在 2016 年 3 月 21 日 9:55 之后 A 相电流数值为 0.7V，无法正常更新。

（2）缺陷分析查找。根据以下特征：

1）通过主站查询 A 相通信情况，可总召到 A 相遥测数据，则排除通信告警。

2）主站查询 A 相采集单元电池电压 0.7V，远低于标准值 3.5V。

3）主站查询 A 相采集单元所在线路平均负荷电流为 22A，大于该采集单元的取电电流值。

通过以上缺陷分析，可判断是采集单元电池的设备问题导致的缺陷。

（3）缺陷处理。根据缺陷分析结果，运维人员和厂家到现场消缺。通过运维人员更换 A 相采集单元，A 相采集单元可以正常传输数据，A 相采集单元电池电压恢复到标准值，缺陷消除。

6.10 汇集单元后备电源电池电压低

1. 缺陷描述

故障指示器上报的汇集单元后备电源电池电压低。

2. 原因分析

（1）安装问题。汇集单元太阳能板由于安装方位、遮挡、光照、充电接口松动等因数影响，充电效率无法满足工作需求，电池电量被过度消耗。

1）汇集单元太阳能板被遮挡原因导致光照不足。

2）汇集单元太阳能板或表面污秽严重，导致光照不足。

3）汇集单元太阳能板功率过小。

4）安装方式错误、暴力施工等原因导致太阳能板接口松动。

5）汇集单元太阳能板电源开关未启动。

（2）设备问题。汇集单元内部充电电池损坏，已无法自行充电，电池电量被过度消耗。

1）汇集单元太阳能板损坏或严重老化。

2）汇集单元电池损坏或电量过低。

（3）参数问题。故障指示器电池电压点表配置错误。

1）故障指示器内部参数类型配置错误。

2）主站软件中参数变比错误。

3. 对应消缺方法

（1）安装主要消缺方法包括：

1）调整汇集单元太阳能板朝向、清除遮挡物或重新选择光线的杆塔。

2）清除故障指示器太阳能板的遮挡障碍物、污秽等。

3）更换功率较大的太阳能板。

4）重新安装设备，紧固太阳能板接口，同时优化改进故障指示器的施工方式，防止暴力施工损坏设备。

5）开启太阳能板电源开关。

（2）更换新的后备电源。

（3）重新配置故障指示器电池电压参数。

4. 相关案例

案例 54：故障指示器汇集单元后备电源电池电压低案例

（1）缺陷表象。某供电所香坑线 51 号杆路故障指示器于 2016 年 3 月 20 日开始出现频繁掉线的情况，整体日在线率相对其他相邻杆点故障指示器严重偏低。

（2）缺陷分析查找。根据以下特征：

1）主站遥测数据显示，该批次故障指示器在 3 月 20 日之前的在线率只有 60%左右。

2）通过主站排查该节点上的故障指示器的在线时间一般为相对较晴的白天，夜间会有掉线的现象。

3）通过主站观察到汇集单元电池电压处于低电量状态。

通过以上缺陷分析，可判断是太阳能充电板问题导致的缺陷。

（3）缺陷处理。根据缺陷分析结果，运维人员对设备进行全面的检查，发现太阳能板表面挂了一个黑色塑料袋，汇集单元后备电源充电不足，导致故障指示器夜晚掉线。最终，通过现场清除故障指示器太阳能板表面遮挡物后，成功地解决了问题，缺陷消除。

6.11 采集单元取电电压低

1. 缺陷描述

故障指示器上送的采集单元取电电压低于正常值。

2. 原因分析

（1）低负荷问题。

线路运行负荷太小（小于 10A）导致采集单元无法有效感应取电，采集单元后备电源电池电量过度消耗引起电池电压低的情况，采集单元电源寿命小于规定寿命。

（2）安装问题。采集单元安装错误等因数影响，充电效率无法满足工作需求，电池电量被过度消耗。

1）安装地点和图模不一致。安装到错误的导线上，如地线等。

2）采集单元卡件结构上的互感器未完全闭合。

（3）参数问题。故障指示器点表配置参数错误。

1）采集单元变比设置错误。

2）故障指示器内部参数类型配置错误。

3）主站软件中参数变比错误。

3. 对应消缺方法

（1）重新选择用电负荷满足取电要求的线路安装该故障指示器，电池接近警戒值时应或更换采集单元。

（2）重新安装采集单元。

（3）重新配置故障指示器电池电压参数。

4. 相关案例

案例 55：故障指示器采集单元取电电压低案例（一）

（1）缺陷表象。2017 年 1 月 2 日 5:10 某供电公司配电自动化主站发现 1 号故障指示器 B 相采集单元取电电压异常，通知运维人员消缺。

（2）缺陷分析查找。根据配电自动化主站遥信、遥测历史记录分析：

1） B 相采集单元取电电压接近 0V。

2） 现场发现 B 相采集单元已移位。

通过以上缺陷分析，判断是设备安装问题导致的缺陷。

（3）缺陷处理。缺陷发生后，运维消缺人员赶到现场，发现故障指示器的 B 相采集单元已脱落垂挂与线路下方，现场重新安装该采集单元后，主站遥测值显示取电电压正常，缺陷消除。

案例 56：故障指示器采集单元取电电压低案例（二）

（1）缺陷表象。某供电公司某线路于 2015 年 11 月 3 日安装 9 号杆故障指示器一台，安装完成后在配电自动化主站监测发现该故障指示器 A、B、C 三相采集单元的取电电压遥测值持续偏低，通知运维人员消缺。

（2）缺陷分析查找。根据配电自动化主站遥信、遥测历史记录分析：

1） A、B、C 三相采集单元的取电电压接近 0V。

2） 该线路用电负荷偏低，平均只有 6A。

通过以上缺陷分析，可判断是低负荷问题导致的缺陷。

（3）缺陷处理。重新选择安装位置，并修改图模。

6.12 汇集单元太阳能板充电电压低

1. 缺陷描述

故障指示器上送的汇集单元太阳能板充电电压低于正常值。

2. 原因分析

（1）安装问题。故障指示器汇集单元太阳能板未对准太阳、接口松动等原因导致无法接收充足的太阳光照。

1） 安装地点和图模不一致。

2） 汇集单元太阳能板被遮挡原因导致光照不足。

3） 汇集单元太阳能板或表面污秽严重，导致光照不足。

4） 安装方式错误、暴力施工等原因导致太阳能板接口松动。

5）汇集单元电源开关未启动。

（2）设备问题。汇集单元内部充电电池损坏，已无法自行充电，电池电量被过度消耗。

1）汇集单元太阳能板损坏或严重老化。

2）汇集单元电池损坏或电量过低。

（3）参数问题。故障指示器电池电压点表配置错误。

1）故障指示器内部参数类型配置错误。

2）主站软件中参数变比错误。

3. 对应消缺方法

（1）安装主要消缺方法包括：

1）重新安装设备或修改图模。

2）调整汇集单元太阳能板朝向、清除遮挡物或重新选择光线的杆塔。

3）清除故障指示器太阳能板的遮挡障碍物、污秽等。

4）紧固接口，同时改进故障指示器的施工方式，防止暴力施工损坏设备。

5）开启汇集单元太阳能板电源开关。

（2）更换新的后备电源。

（3）重新配置故障指示器电池电压参数。

4. 相关案例

案例 57：故障指示器汇集单元太阳能板充电电压低案例（一）

（1）缺陷表象。某支线 59 号杆故障指示器于 2016 年 2 月 13 日开始，出现凌晨 2:00 左右掉线，上午 6:00 左右上线的现象，2 月 14 日后 18:30 左右掉线，上午 6:00 左右上线的循环现象。

（2）缺陷分析查找。根据以下特征：

1）通过主站排查，该节点上的故障指示器在 2016 年 2 月 13 日前通信正常，未出现掉线情况。

2）遥测数据显示，该批次故障指示器在 2 月 13 日之后的太阳能板充电电压遥测值偏低。

3）电池刚换新不久。

通过以上缺陷分析，可判断是太阳能板问题导致的缺陷。

（3）缺陷处理。根据缺陷分析结果，运维人员对设备进行全面的检查，发现汇集单元的太阳能板充电线未与后备电源连接，仅与控制器连接，导致后备电源电量用尽后，仅能依靠白天太阳能板提供的电能工作，重新接线后数据正常，缺陷消除。

案例 58：故障指示器汇集单元太阳能板充电电压低案例（二）

（1）缺陷表象。某支线 59 号杆故障指示器安装于 2015 年 5 月 20 日，运行一段时间后，2016 年 3 月 10 日 2:00 开始，在配电自动化主站发现该故障指示器频繁掉线的现象。

（2）缺陷分析查找。根据以下特征：

1） 通过主站排查，该节点上的故障指示器在没掉线之前都是通信正常。

2） 遥测数据显示，该故障指示器在 2016 年 2 月 13 日之后的晴朗天气下太阳能板充电电压遥测值均偏低。

通过以上缺陷分析，可判断是太阳能板安装问题导致的缺陷。

（3）缺陷处理。根据缺陷分析结果，运维人员对设备进行全面的检查，在现场发现该故障指示器汇集单元太阳能板被树叶障碍物遮挡，导致无法接收充足的太阳光照，截除遮挡的树枝后，太阳能板充电电压数据正常，缺陷消除。

6.13 采集单元离线

1. 缺陷描述

故障指示器汇集单元在线，但采集单元离线。

2. 原因分析

（1）安装问题。故障指示器采集单元规划位置不正确，未正常工作。

故障指示器受环境干扰出现死机情况。

（2）通信问题。故障指示器采集单元本地无线信号受严重干扰，与汇集单元的本地无线通信断开。

1） 汇集单元与采集单元通信距离过远。

2） 设备安装位置的本地无线信号存在干扰。

（3）设备问题。采集单元运行过程中与汇集单元的本地无线通信断开。

1） 采集单元内部芯片或软件故障。

2） 采集单元电池电量不足。

3） 采集单元死机。

3. 对应消缺方法

（1）重启或更换故障指示器，观察是否还会出现死机情况，若问题仍存在，则可能仍存在干扰源，需排除干扰源、更换通信频段或重新规划安装位置。

（2）重新安装，缩短汇集单元与采集单元安装距离，重新规划安装位置或更改通信频段。

（3）更换发生死机或无法重启的采集单元。

4. 相关案例

案例 59：故障指示器采集单元离线案例（一）

（1）缺陷表象。某供电公司 2016 年 7 月 30 日于 10kV 上塘支线 1 号杆故障指示器安装 1 套架空线路故障指示器，设备运行一段时间后，在 2016 年 10 月 10 日 9:30 之后出现了 B 相采集单元通信告警问题，数值无法更新。

（2）缺陷分析查找。根据以下特征：

1） 主站遥测数据显示，该故障指示器在 9:30 之前的三相电流偏差较小。

2） 通过主站总召该指示器的三相采集单元信息，A、C 相未发现有偏差较大的现象，B 相采集单元无数据上传。

3） 指示器的 10 月 1 日至 10 日平均在线率达到 99%。

通过以上缺陷分析，可判断是设备问题导致的缺陷。

（3）缺陷处理。根据缺陷分析结果，运维人员和厂家到现场进行消缺。运维人员登杆把厂家已绑定 B 相采集单元更换，通过厂家调试后，B 相数据正常传输至后台，缺陷消除。

案例 60：故障指示器采集单元离线案例（二）

（1）缺陷表象。2017 年 3 月 29 日 14:10 某供电公司配电自动化主站发现 51 号故障指示器 B 相指示器通信异常，通知运维人员消缺。

（2）缺陷分析查找。根据配电自动化主站遥信、遥测历史记录分析：

1） 51 号故障指示器 B 相指示器在发生通信异常前，遥测、遥信正常。

2） 51 号故障指示器 B 相指示器在发生通信异常前，出现 B 相通信异常抖动。

通过以上缺陷分析，可判断是设备问题或安装问题导致的缺陷。

（3）缺陷处理。缺陷发生后，运维消缺人员赶到现场，B 相指示器已滑向导线中间，超出通信距离，因无法拆回，故为 51 号故障指示器重新配置 B 相指示器。通过厂家调试后，B 相数据正常传输至后台，缺陷消除。现场故障排查线路实拍如图 6－7、图 6－8 所示。

图 6－7　现场故障排查线路实拍图（一）

图 6-8　现场故障排查线路实拍图（二）

6.14 汇集单元离线

1. 缺陷描述

故障指示器汇集单元与采集单元的本地无线通信正常，汇集单元与配电自动化主站系统通信断开的现象。

2. 原因分析

（1）设备问题。设备本身问题导致汇集单元未正常工作。

1）汇集单元工作开关未开启。

2）汇集单元电池无电量。

3）汇集单元通信模块故障。

（2）通信问题。通信模块或通信设备导致汇集单元无法连接配电自动化主站系统。

1）运营商通信网络故障，如光缆被挖断，运营商通道故障。

2）主站通信故障，如前置机故障。

3）现场处于弱信号区或无信号区。

4）现场外来移动终端数量过大导致移动基站过载，引起频繁掉线。

5）设备安装位置的本地无线信号存在干扰。

6）汇集单元 SIM 卡未装、SIM 卡欠费、SIM 卡未开通数据服务等。

（3）主站问题。主站内部的问题导致汇集单元离线。

1）主站软件问题。

2）前置机故障。

（4）参数问题。故障指示器汇集单元的主站通信参数配置错误。

IP、链路地址（公共地址）、波特率、端口号等通信参数配置错误。

（5）安装问题。设备安装错误，引起死机、电池电量不足导致汇集单元离线。

1）汇集单元太阳能板被遮挡原因导致电池充电不足。

2）汇集单元太阳能板或表面污秽严重，导致电池充电不足。

3）汇集单元太阳能板功率过小，导致电池充电不足。

4）外部环境因数（如车祸、台风、历史流等）干扰下出现设备位置移位、结构松动，导致电池充电不足。

5）安装方式错误、暴力施工等原因导致设备位置移位、内部元器件结构松动，导致电池充电不足。

6）汇集单元电源开关未启动，导致电池无电。

7）故障指示器受环境干扰出现死机情况。

3. 对应消缺方法

（1）现场排查汇集单元故障。

1）开启汇集单元工作开关。

2）更换汇集单元电池或给汇集单元充电。

3）更换汇集单元通信模块故障。

（2）通信主要消缺方法包括：

1）要求移动运营商排除故障。

2）上报主站运维人员消缺。

3）采用更换长天线、重新规划安装位置等。

4）重新规划安装位置或要求移动运营商对基站扩容。

5）重新规划安装位置或更改通信频段。

6）重新安装 SIM 卡、充值话费、联系通信服务商确认通信数据服务情况，必要时更换 SIM 卡。

（3）上报主站运维人员消缺。

（4）重新配置通信参数。

（5）安装主要消缺方法包括：

1）调整汇集单元太阳能板朝向、清除遮挡物或重新选择光线的杆塔。

2）清除故障指示器太阳能板的遮挡障碍物、污秽等。

3）更换功率较大的太阳能板。

4）重新安装采集单元、修改图模或更换安装地点。

5）重新安装设备，紧固接口，同时优化改进故障指示器的施工方式，防止暴力施工损坏设备。

6）开启电源开关。

7）重启或更换故障指示器，观察是否还会出现死机情况，若问题仍存在，则可能仍存在干扰源，需排除干扰源、更换通信频段或重新规划安装位置。

4. 相关案例

案例 61：故障指示器汇集单元离线案例（一）

（1）缺陷表象。某供电公司于 2015 年 12 月 13 日于 10kV 黄南线高压电抗器支线 6 号杆安装 1 套架空线路故障指示器，设备运行一段时间后，在 2016 年 5 月 27 日 7:35 离线。

（2）缺陷分析查找。根据以下特征：

1）通过主站查询在线率情况，该故障指示器在 5 月 1～26 日之前的平均在线率为 99%。

2）配电自动化主站查询该故障指示器通信情况为通信故障，故障后无法召测到任何信息。

3）配电自动化主站可召测到该线路其他故障指示器的信息。

4）在配电自动化主站查询到该线路其他故障指示器的通信参数正常。

由以上四点可以分析得出，可判断是设备或安装问题导致的汇集单元离线。

（3）缺陷处理。根据缺陷分析结果，运维人员和厂家到现场进行消缺。运维人员登杆发现汇集单元指示器全灭，使用外部电源后仍无法重启，随即更换新的汇集单元。指示器正常上线，传输数据正常，缺陷消除。

案例 62：故障指示器汇集单元离线案例（二）

（1）缺陷表象。某供电公司于 2016 年 1 月 22 日于 G90－17 号杆安装 1 套架空线路故障指示器，设备运行一段时间后，在 2016 年 2 月 9 日 1:18 之后汇集单元掉线，之后不再有数据上送至主站。

（2）缺陷分析查找。根据以下特征：

1）此汇集单元自 2016 年 1 月 22 日安装以来，不论白天或黑夜太阳能取电电压一直接近 0V。

2）此汇集单元的电池电压自 2016 年 1 月 22 日安装以来，从 12.6V 左右逐渐下降到 10V 以下，未见电池电压充电回升的曲线，最后设备掉线。

3）主站遥测电池电压及取电电压曲线如图 6－9 所示。

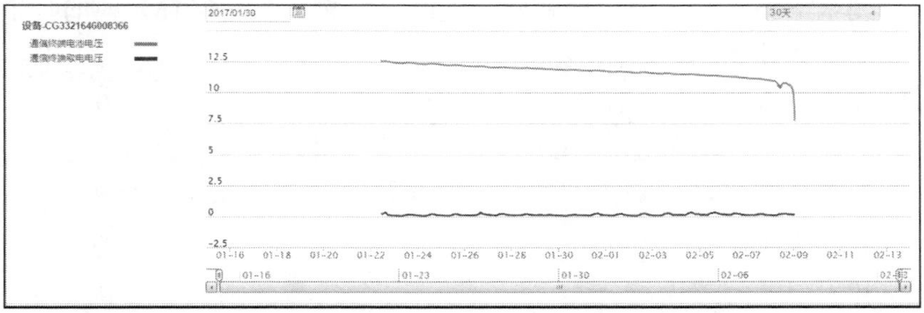

图 6－9　主站遥测电池电压及取电电压曲线

通过以上缺陷分析，可判断是设备问题导致的缺陷。

（3）缺陷处理。根据缺陷分析结果，运维人员对设备进行消缺处理，发现汇集单元太阳能充电端子未接插，导致运行一段时间后电池能量消耗至低电压保护阈值以下而掉线。最终，通过更换汇集单元，成功地解决了问题，同时对同批次安装所有设备进行了全面检查，及时处理类似的问题，缺陷消除。

案例 63：故障指示器汇集单元离线案例（三）

（1）缺陷表象。某供电公司某线路 47 号杆故障指示器安装于 2014 年 1 月 12 日，设备运行一段时间后，在 2014 年 8 月 8 日之后故障指示器持续离线，之后不再有数据上送至主站。

（2）缺陷分析查找。根据以下特征：

1）该故障指示器运行期间无规律的偶尔出现与配电自动化主站通信断线的现象。

2）排查故障指示器设备维护记录，发现该厂家的故障指示器有多起类似情况出现。

通过以上缺陷分析，可判断是设备问题导致的缺陷。

（3）缺陷处理。根据缺陷分析结果，运维人员对设备进行消缺处理，现场发现该故障指示器汇集单元外部为密封性不良，雨水长时间浸泡后，雨水顺缺口流入箱体内造成设备线路短路，金属箱体腐蚀。现场打开箱门后内部腐蚀严重（有进水现象），汇集单元主机、电池、电话卡均烧毁。现场实拍图如图 6－10 所示。

图 6－10　故障指示器烧毁实拍图

最终，通过更换该故障指示器汇集单元，成功地解决了问题，同时对同批次安装所有设备进行了全面检查，及时处理类似的问题，缺陷消除。

6.15　采集单元通信频繁上下线

1. 缺陷描述

采集单元频繁上下线，并且通过主站排查汇集单元通信未出现断线情况。

2. 原因分析

（1）安装问题。故障指示器采集单元结构松动，出现通信不稳定情况。

1）外部环境因素（如车祸、台风、历史流等）干扰下导致采集单元内部线路松动。

2）安装方式错误、暴力施工等原因导致采集单元内部线路松动。

（2）设备问题。采集单元设备或元器件故障造成汇集单元与采集单元的无线通信频繁断开。

1）采集单元内部芯片或软件故障。

2）采集单元电池电量处于失电临界点。

3）汇集单元与采集单元通信的天线故障。

（3）通信问题。故障指示器小无线功率不足或安装位置存在无线干扰，造成汇集单元与采集单元的无线通信频繁断开的现象。

1）汇集单元与采集单元通信距离过远。

2）设备安装位置的本地无线信号存在干扰。

3. 对应消缺方法

（1）现场排查故障指示器采集单元安装情况，重新安装采集单元。

1）重新安装采集单元、修改图模或更换安装地点。

2）重新安装采集单元，紧固接口，同时优化改进故障指示器的施工方式，防止暴力施工损坏设备。

（2）更换故障指示器故障部件或更换整体。同时排查同一类型设备是否有家族型缺陷。

（3）解决方法包括：

1）重新安装，更换长天线、缩短汇集单元与采集单元安装距离。

2）重新规划安装位置或更改通信频段。

4. 相关案例

案例 64：故障指示器采集通信单元频繁上下线案例

（1）缺陷表象。某供电公司于 2015 年 2 月 10 日于 16 号杆安装 1 套架空线路故障指示器，配电自动化主站发现该故障指示器 C 相采集单元数据在 2015 年 3 月 15 日 9:10 开始频繁出现遥测失败现象。

（2）缺陷分析查找。

根据以下特征：

1）通过主站查询在线率情况，该故障指示器在 2015 年 3 月 15 日 9:10 之前的遥测数据一直正常。

2）该故障指示器 A、B 相采集单元遥测数据一直正常。

通过以上缺陷分析，可判断是设备问题导致的缺陷。

（3）缺陷处理。根据缺陷分析结果，运维人员和厂家到现场进行消缺。运维人员登杆将该故障指示器的 C 相采集单元拆下，通过本地遥控，观测到该采集单元遥控10次遥控中，仅1次成功，判断其电池容量已不足（新版采集单元可直接通过外接端子测量电池电压），重新更换新的采集单元后该故障指示器C相遥测数据恢复正常，无频繁上下线情况，缺陷消除。

6.16 汇集单元通信频繁上下线

1. 缺陷描述

汇集单元与采集单元通信正常，但汇集单元与配电自动化主站通信过程中出现频繁上下线的现象。

2. 原因分析

（1）参数问题。

1）故障指示器内部参数类型配置错误。

2）IP、链路地址（公共地址）、波特率、端口号等通信参数配置错误。

（2）设备问题。

1）汇集单元通信模块故障。

2）汇集单元电池损坏或电量过低。

（3）通信问题。

1）运营商通信网络故障。

2）主站通信故障。

3）现场处于弱信号区或无信号区。

4）汇集单元与采集单元通信距离过远。

5）现场外来移动终端数量过大导致移动基站过载，引起频繁掉线。

6）设备安装位置的本地无线信号存在干扰。

（4）安装问题。

1）汇集单元太阳能板被遮挡原因导致光照不足。

2）汇集单元太阳能板或表面污秽严重，导致光照不足。

3）汇集单元太阳能板功率过小。

4）外部环境因素（如车祸、台风、历史流等）干扰下出现设备位置移位、结构松动。

5）安装方式错误、暴力施工等原因导致设备内部元器件结构松动。

3. 对应消缺方法

（1）使用继电保护测试仪校准，并使用调试软件或者主站软件重新配置相关参数。修正后应总招数据，并与同条馈线的其他故障指示器值相比对。

（2）更换故障指示器故障部件或更换整体。同时，排查同一类型设备是否有家族型缺陷。

（3）主要解决方法包括：

1）要求移动运营商排除故障。

2）上报主站运维人员消缺。

3）采用更换长天线、重新规划安装位置等。

4）重新安装，缩短汇集单元与采集单元安装距离。

5）重新规划安装位置或要求移动运营商对基站扩容。

6）重新规划安装位置或更改通信频段。

（4）主要解决方法包括：

1）调整汇集单元太阳能板朝向、清除遮挡物或重新选择光线的杆塔。

2）清除故障指示器太阳能板的遮挡障碍物、污秽等。

3）更换功率较大的太阳能板。

4）重新安装采集单元、修改图模或更换安装地点。

5）重新安装设备，紧固接口，同时优化改进故障指示器的施工方式，防止暴力施工损坏设备。

4. 相关案例

案例 65：故障指示器汇集单元频繁上下线案例（一）

（1）缺陷表象。某供电公司 36 号杆故障指示器安装于 2015 年 5 月 30 日，设备运行一段时间后，在 2015 年 7 月 10 日 15:30 之后开始出现了汇集单元频繁上、下线的现象。

（2）缺陷分析查找。根据以下特征：

核查主站参数配置，发现 2015 年 7 月 10 日新安装的设备与该故障指示器设备通信地址相同。

通过以上缺陷分析，可判断是参数问题导致的缺陷。

（3）缺陷处理。根据缺陷分析结果，运维人员对设备进行全面的检查，发现设备 ID 号与台账相同，与主站不同。主站通过更改此台设备 ID 号，成功解决了此台指示器频繁上、下线的问题。同时对主站所有在运设备进行了全面检查，及时处理类似的问题，缺陷消除。

案例 66：故障指示器汇集单元频繁上下线案例（二）

（1）缺陷表象。某供电所于 2016 年 3 月 20 日于香坑线 905 线路 33 号杆对 1 套架空线路故障指示器进行全面检查，在此之前该杆点故障指示器出现了较多的频繁上下线现象问。

（2）缺陷分析查找。根据以下特征：

1）主站遥测数据显示，该台故障指示器在 3 月 20 日之前的 GPRS 信号不稳定。

2）通过主站排查该节点上的故障指示器集中器与采集单元之间通信正

常，未发现有通信故障的现象。

通过以上缺陷分析，可判断是设备问题导致的缺陷。

（3）缺陷处理。根据缺陷分析结果，运维人员对设备进行全面的检查，发现集中器的外部天线底座严重损坏。最终，通过更换天线并重新调试，成功地解决了问题，同时对同批次安装所有设备进行了全面检查，及时处理类似的问题，缺陷消除。

案例 67：故障指示器汇集单元频繁上下线案例（三）

（1）缺陷表象。某供电公司于 2015 年 4 月 11 日于 10kV 某线 16 号杆安装 1 套架空线路故障指示器，在 2015 年 7 月 21 日 9:10～14:00 时间段在配电自动化主站发现该故障指示器通信频繁上下线。

（2）缺陷分析查找。根据以下特征：

1）通过主站查询在线率情况，该故障指示器在 2015 年 7 月 21 日 9:10～14:00 时间段之外的通信在线率一直正常。

2）通过主站查询同区域的故障指示器在 2015 年 7 月 21 日 9:10～14:00 时间段通信情况，发现都有类似频繁上下线情况。

通过以上缺陷分析，可判断是通信问题导致的缺陷。

（3）缺陷处理。根据缺陷分析结果，运维人员和厂家到现场进行消缺。运维人员在现场测试通信信号显示正常，与通信运营商联系反馈该时间段通信运营商在该区域进行基站维护，导致该区域通信信号不稳定，缺陷消除。

案例 68：故障指示器采集单元通信频繁上下线案例（四）

（1）缺陷表象。

某供电公司于 2016 年 3 月 12 日于某支线 6 号杆安装 1 套架空线路故障指示器，从运行到 2016 年 3 月 27 日，在配电自动化主站显示该故障指示器通信频繁上下线。

（2）缺陷分析查找。根据以下特征：

1）通过主站查询在线率情况，该故障指示器在 3 月 12～27 日之前的掉线次数日超过 5 次。

2）配电自动化主站可总召故障指示器数据。

3）掉线时间段较为固定。

通过以上缺陷分析，可判断是通信问题导致的缺陷。

（3）缺陷处理。根据缺陷分析结果，运维人员和厂家到现场进行消缺。运维人员登杆发现该点处于人员较多的交通集散地，上下班高峰期等人流较多时间信号较差，推断为该地电信基站容量不足导致。通过与通信运营商协调后，指示器正常上线，无频繁上下线情况，缺陷消除。

6.17 采集单元死机

1. 缺陷描述

汇集单元与主站通信正常，采集单元上送主站的数据一直无法更新，在参数配置正确时，经调试工具直接总召后仍无法获得采集单元数据的情况。

2. 原因分析

（1）安装问题。

故障指示器受环境干扰出现死机情况。

（2）设备问题。故障指示器采集单元自身缺陷导致的死机。

1）采集单元内部芯片或软件故障。

2）采集单元死机。

3. 对应消缺方法

（1）重启或更换故障指示器，观察是否还会出现死机情况，若问题仍存在，则可能仍存在干扰源，需排除干扰源、更换通信频段或重新规划安装位置。

（2）更换故障指示器故障部件或更换整体。同时，排查同一类型设备是否有家族型缺陷。

4. 相关案例

案例69：故障指示器采集单元死机案例

（1）缺陷表象。某供电公司于2017年1月18日发现某线51号杆的故障指示器A相采集单元在当日13:05之后遥测数据持续为空值。

（2）缺陷分析查找。根据以下特征：

1）主站遥测数据显示，该故障指示器13:05之前遥测数据值一直正常。

2）1月18日之前的短路故障信息正常、三相电流负荷曲线正常。

3）该故障指示器与配电自动化主站远程通信一直是正常的。

通过以上缺陷分析，可判断是设备或环境问题导致的缺陷。

（3）缺陷处理。根据缺陷分析结果，运维人员在现场对采集单元进行重启处理，设备未能恢复正常，且周围未发现干扰源，更换采集单元后，该故障指示器数据正常，缺陷消除。

6.18 汇集单元死机

1. 缺陷描述

汇集单元无法与采集单元通信，且汇集单元上送主站的数据一直无法更新，在参数配置正确时，经调试工具直接总召后仍无法获得汇集单元数据的情况。

2. 原因分析

（1）安装问题。

故障指示器受环境干扰出现死机情况。

（2）设备问题。故障指示器采集单元自身缺陷导致的死机。

1）汇集单元通信模块故障。

2）汇集单元死机。

3. 对应消缺方法

（1）重启或更换故障指示器，观察是否还会出现死机情况，若问题仍存在，则可能仍存在干扰源，需排除干扰源、更换通信频段或重新规划安装位置。

（2）更换故障指示器故障部件或更换整体。同时，排查同一类型设备是否有家族型缺陷。

4. 相关案例

案例 70：故障指示器汇集单元死机案例

（1）缺陷表象。某供电公司 2017 年 2 月 29 日于支线 1 号杆安装 1 套架空线路故障指示器，设备运行一段时间后，在 2017 年 3 月 10 日 15:30 之后出现了指示器不在线的问题。

（2）缺陷分析查找。根据以下特征：

1）主站链路情况显示该台设备不在线。

2）主动遥测该故障指示器数据也返回失败。

通过以上缺陷分析，可判断是设备问题导致的缺陷。

（3）缺陷处理。根据缺陷分析结果，运维人员对设备进行全面的检查，发现该台故障指示器的汇集单元死机，造成故障指示器无法正常上线。现场更换新的汇集单元设备后，成功解决故障指示器掉线的问题。同时对该厂家的同批次设备进行了排查，未发现类似死机的问题，缺陷消除。

6.19 结构损坏

1. 缺陷描述

现场安装或巡查时，发现故障指示器设备结构损坏。

2. 原因分析

（1）运输问题。

安装前，包装、运输等原因导致故障指示器结构损坏。

（2）安装问题。

1）安装方式错误、暴力施工等原因导致结构损坏。

2）外部环境因数（如车祸、台风、历史流等）干扰下出现设备结构松动。

（3）设备问题。设备外壳材料质量问题导致自然损坏。

3. 对应消缺方法

（1）排查同批次故障指示器采集单元运输过程中的损坏率，验证该批次故障指示器设备是否存在质量问题。

（2）优化改进故障指示器的施工方式，防止暴力施工损坏设备。排查故障指示器现场安装环境是否易发生自然灾害等外部环境问题，必要时可更换安装点。

（3）更换故障指示器故障部件或更换整体。同时，排查同一类型设备是否有家族型缺陷。

4. 相关案例

案例 71：故障指示器结构损坏案例

（1）缺陷表象。某供电公司于 2016 年 9 月 17 日，即在“莫兰蒂”台风之后的第二天，对现场故障指示器受灾情况排查的过程中，发现某线 13 号杆设备柜门变形，无法打开。

（2）缺陷分析查找。根据以下特征：

1） 主站遥测数据显示，该故障指示器在 9 月 15 日之前一直在线。

2） 9 月 15 日之前的短路故障信息正常、三相电流负荷曲线正常。

3） 设备内部潮湿。通过以上缺陷分析，台风天前，设备正常运行，可判断是环境问题导致的缺陷。

（3）缺陷处理。根据缺陷分析结果，该设备应该是在台风登陆期间，受外物影响受损，同时设备进水严重，无法修复，通过更换设备处理，缺陷消除。

6.20 采集单元翻牌指示不正确故障

1. 缺陷描述

线路发生短路或接地故障告警时，现场排查发现故障指示器采集单元未正确翻牌指示故障告警。

2. 原因分析

设备问题。故障指示器采集单元的翻盘部件损坏，导致翻牌指示不正确。

3. 对应消缺方法

现场更换翻盘部件损坏的故障指示器采集单元设备。

4. 相关案例

案例 72：故障指示器采集单元状态指示灯指示不正确案例

（1）缺陷表象。某供电公司某线于 2016 年 10 月 20 日发生短路故障，运维人员现场排查故障的过程中发现故障线路上的某一台指示器采集单元翻牌指示有线路故障。

（2）缺陷分析查找。根据以下特征：

1）通知主站运维人员协查该线路的其他故障指示器，未发现有故障信号上报，线路负荷数及供电状态都正常。

2）根据主站排查，该故障指示器正常在线，并能正确反映线路电流情况。

通过以上缺陷分析，可判断是设备问题导致的缺陷。

（3）缺陷处理。根据缺陷分析结果，运维人员对设备进行全面的检查，经过更换采集单元，成功解决了采集单元指示灯不亮的问题。同时对同批次的所有该厂家设备设备进行了全面检查，及时处理类似的问题，缺陷消除。

附录A　常用仪器仪表操作方法

1. 继电保护测试仪操作方法

（1）安全注意事项。

继电保护测试仪（见附图A－1）启动前，需确认：

1）测试仪必须可靠接地。

2）禁止将外部的交直流电源引入到测试仪的电压、电流输出插孔。

3）工作电源需按要求配备。

4）不得长时间输出大电流。

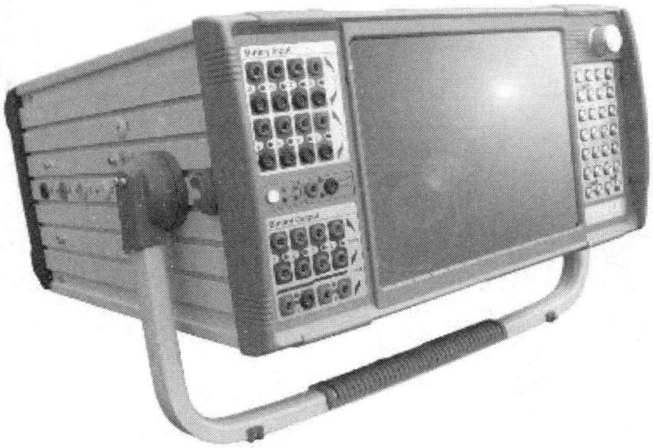

附图A－1　继电保护测试仪

（2）电压/电流（见附图A－2）精度测量操作步骤。

1）关闭所有与测试仪连接的电源。

2）利用专用测试导线将测试仪的电压、电流输出端子接至被测终端的交流电量输入回路。

3）开启电源开关，启动测试仪，选择电压/电流测试项。

进入“电压电流”菜单项后，可通过选择按钮、数字按钮以及确认按钮进行电压和电流的设置。

4）试验。

当所有前期工作完成后，可按执行键启动本次试验。

5）退出。

a. 当前没有进行试验时，退出本测试程序，返回主菜单。

b. 当前正在进行试验时，结束试验。

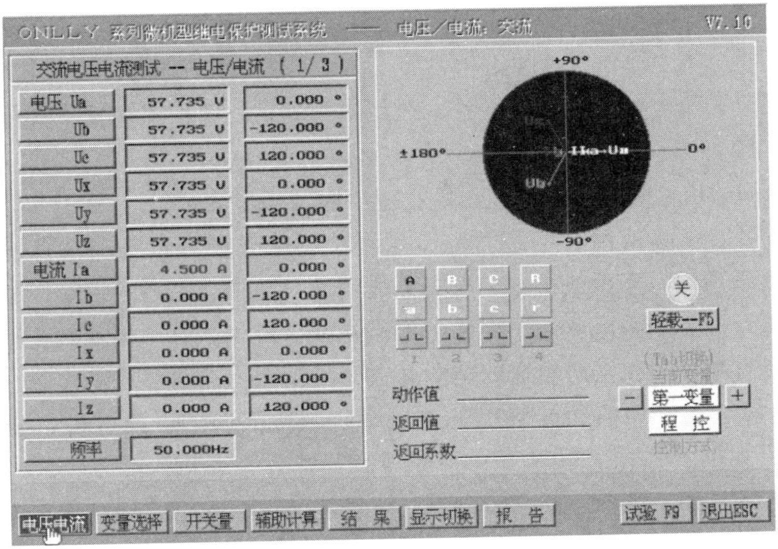

附图 A－2　电压/电流页面

（3）状态序列（见附图 A－3）。用户自由定制每个状态的波形特征，状态之间的切换由时间控制。

主界面的最下一行为菜单行，按“选择键”移动光标，按 Enter 执行相应的菜单项。

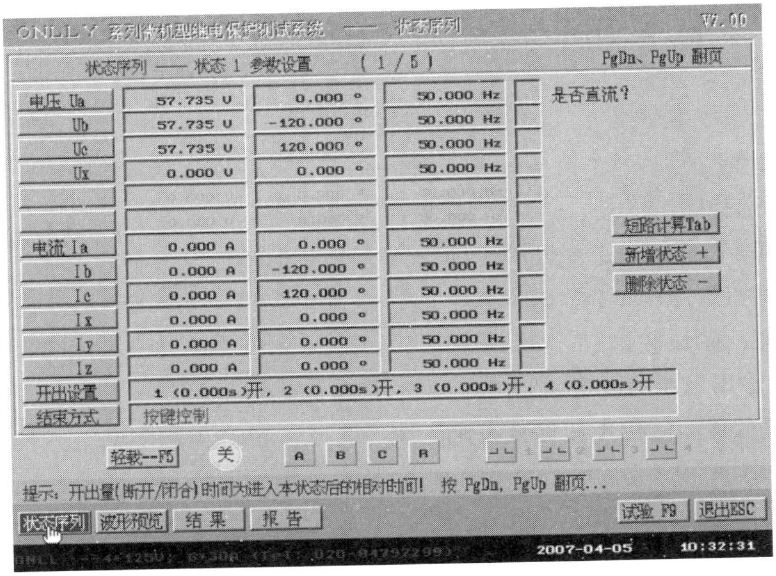

附图 A－3　状态序列页面

2. 绝缘耐压测试仪继电保护测试仪操作步骤

（1）安全注意事项。

1）非合格的操作人员和不相关的人员禁止进入高压测试区。

2）为了预防触电事故的发生，在使用本测试仪前，请先戴上绝缘的橡皮手套再从事与电有关的工作。

3）测试仪可靠接地（接地线端孔位于电源插座旁）。

4）在高压测试进行中绝对不碰触测试物件或任何与待测物有连接的物件。测试结束后，用手去拆线、触摸高压线、被测体或高压输出端，请务必确认：电源开关处于关闭状态；当作绝缘测试或直流测试时，被测体在测试完以后有可能有高压存在，此电压在电源开关关闭以后，需放电完全。

5）为了在任何危急的情况下，如触电、待测物燃烧或主机燃烧时，以免造成更大的损失，请按以下步骤处理：先切断电源开关；后将电源线的插头拔掉。

（2）耐压测试（见附图 A－4）操作步骤。

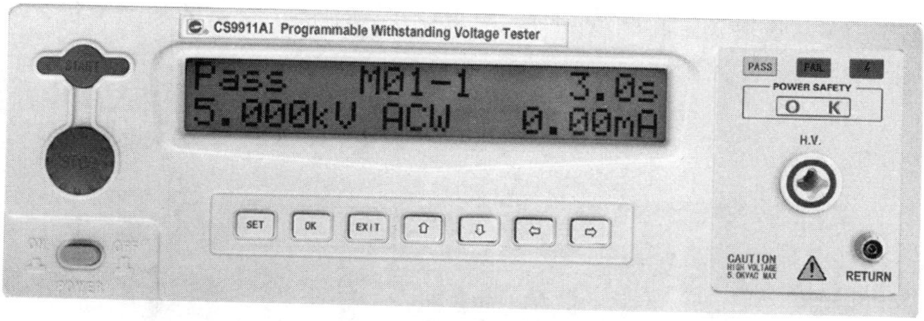

附图 A－4　仪器面板

1）选择测试模式。

共有 2 种模式，选择其中 1 种。

a. 交流耐压测试。

b. 直流耐压测试。

2）输出电压的设定。

测试仪进入输出电压参数设定，按“选择”键或数字键可以改变某一位数字的值。

3）电压上升时间的设定。

测试仪进入电压上升时间参数设定，按“选择”键或数字键可以改变某一位数字的值，一般设置为 0 秒。

4）测试时间的设定。

测试仪进入测试时间参数设定，按“选择”键或数字键可以改变某一位数字的值。

5）电压下降时间设置。测试仪进入电压下降时间参数设定，按“选择”键或数字键可以改变某一位数字的值，一般设置为0秒。

6）连接测试仪与被测体。按以下步骤依次进行。

a. 按一下“停止”键确认无高压输出，且高压指示灯不亮、液晶显示器显示的电压值不跳动。

b. 将低电位用的测试线连接在测试仪的接线端并固定紧。

c. 确定没有高压输出后在把高压测试线插入高压输出端。

d. 连接低电位测试线和被测体。

e. 连接高电位测试线和被测体。

7）测试。当“测试”键按下时，测试仪开始测试，高压端有高压输出；液晶屏显示测试电压值、计时时间。

8）质量判定。当所有的测试项全部测试完毕后，设备被击穿或仪器有不合格告警，认定设备处于不合格状态。否则，处于合格状态。

3. 回路电阻测试仪操作步骤

（1）安全注意事项。

1）在测试过程中，禁止移动测试夹和供电线路。

2）在测试过程中，当仪器输出电流时，切不拆除测试线，以免发生事故。

3）禁止长时间维持工作输出状态，防止过热，损害仪器。

（2）回路电阻测试（见附图A－5）操作步骤。

1）将测试线中的粗电流线接仪器“I+、I－”端子，细电压线接“V+、V－”端子，测试钳接试品，并用力摩擦接触点，同时把地线接好。

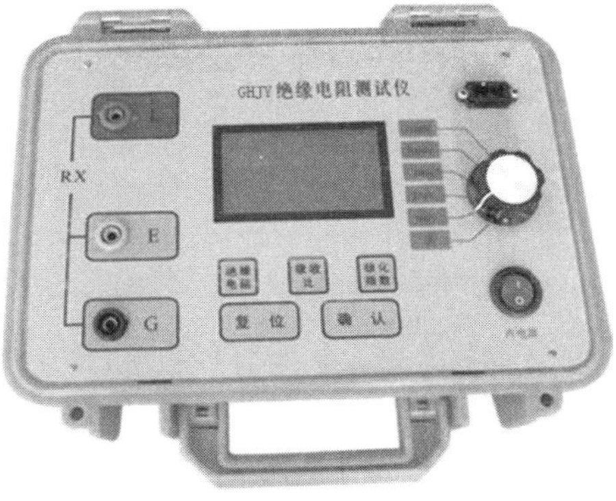

附图A－5　绝缘电阻测试仪

2）打开仪器电源开关。

3）先预热10min，按说明检查测试线的连接。按选择键，选择合适量程。

4）选择好后，按“启动”键，仪器输出所选择的电流，当测试完毕后切断输出电流。

5）记录数值。

附录B 配电自动化工作报表

附表 B－1 配电自动化终端统计表

FTU 开关编号	安装地点	型号	运行日期	生产厂家	终端类型	通信方式	维护责任人

注 1. FTU 开关编号指线路开关现场运行的编号。
2. 终端类型指二遥型终端、三遥型终端。
3. 通信方式指 GPRS、EPON、工业以太网交换机、北斗、电力专网。

附表 B－2 配电自动化 FTU 运行情况统计表

月份	安装 FTU 开关数	在线运行开关数	退出运行开关数	配电自动化终端在线率	事故时开关正确动作次数	遥信动作正确率	遥测合格率	遥控操作次数	遥控正动率
1									
2									
……									
12									

注 1. 在线运行开关指 FTU 监测的运行状态信息，能够上送到调度自动化系统。
2. 配电自动化终端在线率=（全月日历时间×配电自动化终端总数－各配电自动化终端设备停用时间总和）/（全月日历时间×配电自动化终端总数）×100%。
3. 事故开关正确动作指发生事故时，开关分闸的同时伴有保护动作信号。
4. 遥测合格率=合格的遥测数据/采集的全部遥测数据。
5. 遥信动作正确率=（遥信正确动作次数）/（遥信正确动作次数+拒动、误动次数）。
6. 遥控成功率=考核期内遥控成功次数/（考核期内遥控次数总和）×100%。

附表 B－3 线路开关事故情况统计表

线路事故跳闸时间	跳闸开关编号	保护动作情况	故障电流	故障原因	是否正确动作	不正确动作的原因

注 1. 保护动作情况记录过流Ⅰ段动作、过流Ⅱ段动作、过负荷、接地告警、反时限保护动作、重合闸、过流加速段保护动作。
2. 故障电流，FTU 记录下保护动作的故障电流。
3. 是否正确动作，正确动作写“是”、开关越级动作、拒动、误动写“否”。

附表 B－4　　　　　　　　设 备 缺 陷 统 计 表

日期	FTU 开关编号	故障现象	处理情况
终端停运统计	配电自动化终端套数	配电自动化终端故障数	通信故障停运小时数
	终端故障停运小时数	电源故障停运小时数	其他原因引起停电小时数

注　当 FTU 装置异常时，应汇报主站运维人员做好记录，调度进行相应操作方式处理。

附表 B－5　　　　　　　　设 备 缺 陷 登 记 表

日期	缺陷地点	缺陷内容	缺陷类别	缺陷处理情况	消缺人

注　1. 对检修、调试、巡视过程中发现的设备缺陷填写在设备缺陷登记表中。

2. 设备缺陷类别：按一般缺陷、重大缺陷、危急、紧急缺陷分类。其中，一般缺陷：指设备状况不符合规程要求，但近期内不影响设备安全运行。重大缺陷：指设备有明显损坏、变形，近期内可能影响设备安全运行。紧急缺陷：指设备缺陷直接影响设备安全运行，随时有可能发生事故，必须迅速处理的缺陷。

1. 记录被调试开关的编号及其他相关信息

断路器相别划分原则：面向负荷侧，断路器左侧为 A 相。

附表 B－6　　　　　　　　柱上开关调试试验报表

户外高压真空断路器	型号	额定电压	额定电流	额定短路开断电流	操作电压
	额定操作顺序	总重	出厂编号	出厂日期	厂家
装入式电流互感器	型号	标准代号	额定频率	容量	
	分接头	A－B（S1－S2）	A－C（S1－S3）	A－D（S1－S4）	A－E
	电流变比				
	编号	A 相		C 相	

2. 电流互感器试验

（1）所需仪器仪表：电流互感器测试仪 1 台（或相同功能的试验仪表组合），试验导线若干，交流试验电源，四位半数字万用表。

（2）电流互感器变比试验：A、C 两相电流互感器均试验，每一相互感器的 3 个变比抽头均试验。

（3）CZ－AS4—JX－9、CZ－AS3—JX－9、CZ－AS2—JX－9、CZ－CS4—JX－9、CZ－CS3—JX－9、CZ－CS2—JX－9 为二次接线端子。

A 相	CZ－AS4—JX－9		CZ－AS3—JX－9		CZ－AS2—JX－9	
	一次	二次	一次	二次	一次	二次
C 相	CZ－CS4—JX－9		CZ－CS3—JX－9		CZ－CS2—JX－9	
	一次	二次	一次	二次	一次	二次

3. 直流电阻试验

主要是确保电流回路完整，防止开路事故发生。

方法：以 JX－9 为公共端，接万用表的公共端，另一端接 CZ－AS4\3\2、CZ－CS4\3\2 测量电流互感器侧的直流电阻；另一端接 CZ－AS0、CZ－CS0 测量复合控制器中的电流回路直阻。

需要注意的是，具有可比性的两相或两组直流电阻数据之间，其值不应超过 10%。

A 相		测量回路抽头 1	测量回路抽头 2	测量回路抽头 3	控制回路
	盘上	0.28	0.25	0.21	0.28
	盘下				
C 相		测量回路抽头 1	测量回路抽头 2	测量回路抽头 3	控制回路
	盘上	0.28	0.25	0.18	0.24
	盘下				

4. 继电保护动作试验

按照本方案中给定的定值对涌流控制器进行整定。

（1）所需仪器仪表：微机继电保护试验仪、交流电源、万用表、导线若干。

（2）过电流定值（标准电流）整定。

（3）速断保护电流定值试验（仅对末端最后一级开关中的速断保护进行试验）。

A 相	0.95 倍	1.05 倍	1.2 倍测量动作时间（毫秒）	结论
C 相	0.95 倍	1.05 倍	1.2 倍测量动作时间（毫秒）	结论

（4）过电流保护定值试验。

A 相	0.95 倍	1.05 倍	1.2 倍测量动作时间（毫秒）	结论
C 相	0.95 倍	1.05 倍	1.2 倍测量动作时间（毫秒）	结论

5. 自动化传动试验

（1）遥测传动记录表。

系数填写 FTU 终端转发给调度的系数值。

通量标准按照 120%、100%、50%、25%、10%的标准值填写。

转发序号	描述	系数	通量标准	就地显示	调度监视
1	I_a				
2	I_c				
3	P				
4	Q				
5	10kV 母线 U_a				
6	10kV 母线 U_a				
7	10kV 母线 U_{ac}				

（2）遥信传动记录表。

极性分为正极性、反极性，填写时按照 FTU 终端转发给调度的极性填写。

转发序号	描述	极性	就地显示	调度监视
1	开关位置			
2	过电流Ⅰ段			
3	过电流Ⅱ段			
4	保护故障			
5	重合闸			
6	控制回路断线			
7	弹簧未储能			
8	远方/就地			
9	事故总信号			
10	接地告警			
11	过负荷告警			

（3）遥控传动记录表。

极性分为正极性、反极性，填写时按照FTU终端转发给调度的极性填写。

转发序号	描述	极性	就地显示	调度监视
1	开关位置			

6. 绝缘测量

测量前将开关接地线拆除。

直流对地	TV 电源线（相线）	TV 电源线（中性线）

7. 设备日常巡视记录表

柱上开关编号			FTU 设备型号	
FTU 生产厂家			巡视时间	
检　查　内　容			结　　果	
FTU 控制箱安装牢固、清洁无尘、无凝露；控制箱门锁、门把手良好				
引入控制箱屏的航空线完好无损，航空插头接触良好，接线无机械损伤，端子压接紧固				
设备外壳单端接地良好，电流端子连接片、遥信回路短连片接触良好				
设备插件外观完整，固定牢靠，所有电器回路连接（螺栓连接、插接、焊接等）牢固可靠；插件内无灰尘				
配线整齐、清晰、导线绝缘良好，无损伤				
GPRS 无线通信天线安装牢固、通信及网络连接线接触牢靠、EPON 通信的 ONU 指示灯运行正常、工业以太网通信的二层交换机端口指示灯正常				
输入输出电源电压测量				
测量项目	标准值（V）	电压实测值（V）	实际误差（%）	结论
装置电源	DC 24			合格
信号电源	DC 24			合格
信号检查				
运行灯	故障/告警灯	远方/就地灯	串口收/发灯	GPS 对时
通信指示等	网络端口灯	开关分/合闸指示		
检验结果				

注　当装置异常“报警”灯亮，应及时进行处理并向有关部门汇报。

附录C 缺陷速查表

附表 C－1　　成套设备典型缺陷速查表

序号	大类	细　类	缺陷表象（第 4 章）
1	遥信	误报	短路故障信号误报
			接地故障信号误报
			开关位置（包含开关、储能、手柄位置）信号误报
			软遥信（控制回路异常）信号误报
		漏报	短路故障告警信号丢失
			接地故障告警信号丢失
			开关分合信号丢失
			SOE 丢失
			COS 丢失
		超时	SOE 与 COS 时间差超过规定值（遥信超时）
		抖动	频繁上送遥信变位信号（抖动）
2	遥控	遥控失败	遥控预置失败
			遥控执行失败
		遥控超时（1min）	遥控预置超时
			遥控执行超时
3	遥测	数据异常	遥测电流异常
			遥测电压异常
		录波波形异常	录波波形异常
4	电源	主供电源	主供电源异常
		后备电源	蓄电池异常
			超级电容异常
5	通信	终端离线	终端离线
		终端频繁上下线	终端频繁上下线
6	装置本身故障	终端设备	终端外壳损坏
			终端指示灯与设备状态不一致
		开关设备	开关结构损坏
		互感器设备	TV 外壳损坏

附表 C－2　　　　配电线路故障指示器典型缺陷速查表

序号	大类	细　类	缺陷表象（第 4 章）
1	遥信	误报	短路告警误报
			接地故障告警误报
		漏报	短路告警漏报
			接地故障告警漏报
		延迟上报	遥信信号上报时间偏差大
2	遥测	数据异常	电流遥测值与实际偏差较大
			录波波形异常
			温湿度数据异常
3	电源	后备电源	采集单元后备电源电池电压低
			汇集单元后备电源电池电压低
		主供电源	采集单元取电电压低
			汇集单元太阳能板充电电压低
4	通信	设备离线	采集单元离线
			汇集单元离线
		在线率低	采集单元通信频繁上下线
			汇集单元通信频繁上下线
5	终端装置	死机	采集单元死机
			汇集单元死机
		装置损坏	结构损坏
			采集单元翻牌指示不正确故障